# EXPOSITION
## FRANCO-BRITANNIQUE
## DE LONDRES 1908

—

## SECTION FRANÇAISE
### CLASSE 53

RAPPORT TECHNIQUE

PAR

### M. LE D<sup>r</sup> RAPHAËL BLANCHARD

RAPPORT INDUSTRIEL ET COMMERCIAL

PAR

### M. G. CAILL

SECRÉTAIRE RAPPORTEUR DE LA CLASSE 53

PARIS

COMITÉ FRANÇAIS DES EXPOSITIONS A L'ÉTRANGER

Bourse de Commerce, rue du Louvre

1910

M. VERMOT, ÉDITEUR

# EXPOSITION
## FRANCO-BRITANNIQUE
## DE LONDRES 1908

# EXPOSITION
## FRANCO-BRITANNIQUE
## DE LONDRES 1908

### SECTION FRANÇAISE

#### CLASSE 53

RAPPORT TECHNIQUE

PAR

### M. LE Dʳ RAPHAËL BLANCHARD

RAPPORT INDUSTRIEL ET COMMERCIAL

PAR

### M. G. CAILL

SECRÉTAIRE-RAPPORTEUR DE LA CLASSE 53

PARIS

COMITÉ FRANÇAIS DES EXPOSITIONS A L'ÉTRANGER

Bourse de Commerce, rue du Louvre

1910

M. VERMOT, ÉDITEUR

# PRÉFACE

Les Expositions internationales sont comme les étapes successives des nations civilisées sur la route du progrès.

Elles n'ont pas seulement pour but de permettre aux savants, industriels, inventeurs et artistes des divers pays, de placer sous les yeux du public le fruit de leurs études et de leurs efforts ; elles doivent aussi laisser une trace durable, sans laquelle ces manifestations périodiques s'effaceraient bientôt du souvenir des hommes et, sans contredit, ne profiteraient pas à l'humanité dans la large mesure qu'on est en droit d'attendre d'elles.

Cette trace durable peut se présenter sous divers aspects : la plus pratique et la plus utile consiste en la publication de rapports destinés à perpétuer la mémoire de ces grandes manifestations pacifiques et à enregistrer les résultats certains qui en découlent dans les diverses branches de l'activité humaine.

Si une telle œuvre est nécessaire d'une façon générale, elle est vraiment indispensable pour certaines parties de l'industrie ou du commerce dont le développement est lié d'une façon particulièrement intime au progrès de la science pure, à l'amélioration des conditions des échanges internationaux, au perfectionnement de l'outillage, aux meilleures conditions de la vie, etc.

Parmi les Classes nombreuses de l'Exposition Franco-Britannique, il en est peu qui répondent à ces tendances multiples aussi complètement que la Classe 53, qui a dans ses attributions l'aquiculture en général, c'est-à-dire la mise en valeur des eaux à tous points de vue.

Cette mise en valeur est née en France, car, dès le XIVᵉ siècle, le moine dom PINCHON, de l'abbaye de Rèome, près de Montbard (Côte-d'Or), se livrait, assure-t-on, à la multiplication artificielle des Poissons. C'est au xviii<sup>e</sup> siècle que la science aborda les questions relatives aux modes de reproduction des Poissons, mais c'est seulement en 1842 que RÉMY entreprit les premiers essais méthodiques de *Pisciculture*. Puis, sur la proposition de COSTE, professeur au Collège de France, un véritable établissement fut fondé à Huningue (Haut-Rhin), où étaient appliqués les résultats des expériences instituées au laboratoire du Collège de France.

Depuis lors, des laboratoires de *Piscifacture* et de *Pisciculture* maritimes et d'eaux douces ont été créés sur divers points du territoire ; sous la direction du Ministère de l'Agriculture et des savants les mieux qualifiés, on y multiplie les recherches en vue d'améliorer l'utilisation des eaux. La Suisse, l'Italie, l'Autriche, la Bavière, les Etats-Unis principalement ont profité de nos découvertes et ont installé des laboratoires aujourd'hui très prospères, tandis que la France subit plutôt un temps d'arrêt, que rien ne justifie et qui est des plus regrettables, car nous possédons la plus grande étendue de côtes et environ dix mille hectares d'eau douce, trop délaissés, puisque nous sommes tributaires de l'Etranger pour environ 7 millions de francs de Poissons d'eau douce. Il en est de même au point de vue qui nous occupe spécialement ; les Expositions Universelles de 1878 et 1889 n'avaient pas réuni d'éléments très intéressants ; par contre, celle de 1900 était importante, ainsi qu'on en peut juger en parcourant le très important rapport de MM. PERRIER et FALCO. Depuis lors, jusqu'à l'Exposition de Milan, il n'en a plus été question, mais, là encore, un effort trop tardif n'a pu montrer ce que la France pouvait produire, tandis que l'Allemagne, pour ne citer qu'elle, avait réuni plus de 150 Exposants, d'importance très inégale d'ailleurs, ce qui nous a permis de remporter une quantité et une qualité de récompenses sensiblement égales à elle.

La grandeur de la tâche à accomplir est d'une telle évidence que nous n'avons pas hésité à accepter la Présidence du Groupe IX B, à Londres, et c'est pénétré de cette idée fondamentale que nous nous sommes efforcé de développer dans ses directions diverses la Classe 53.

Nous avons voulu l'organiser de telle manière qu'il fût possible de la faire survivre, en quelque sorte, dans un rapport établi d'après les principes généraux énumérés ci-dessus. Nous avons eu la bonne fortune de voir notre plan approuvé sans réserve par le Comité Français des Expositions à l'Etranger et de trouver l'appui le plus complet et le plus éclairé auprès de M. le Sénateur Emile Dupont, Président du Comité et de la Section Française de l'Exposition Franco-Britannique, ainsi qu'auprès du Comité de la Classe. Nous accomplissons le plus agréable devoir en leur exprimant ici nos plus vifs remerciements ; nous avons fait, de concert, une œuvre féconde et patriotique ; les rapports qui suivent en sont la plus éclatante démonstration.

Les deux Sections, britannique et française, dont l'ensemble constituait la Classe 53, étaient d'importance très inégale. Tous les visiteurs ont été frappés de l'extension considérable et de la haute valeur de l'Exposition Française, avec laquelle la Grande-Bretagne n'avait pas, semble-t-il, cru devoir rivaliser. Certes, l'exposition de nos voisins d'outre-Manche était des plus intéressantes et des plus instructives, mais manifestement ils n'ont pas accompli tout l'effort dont ils étaient capables.

Par un sentiment de courtoisie dont il faut leur savoir gré, mais qu'il est permis aussi de regretter, ils ont voulu, en quelque sorte, laisser le champ libre aux Exposants français et leur assurer le triomphe, trop facile dans de telles conditions. Il ne nous eût pas déplu que la lutte fut plus vive et nous déplorons qu'un plus grand nombre d'établissements publics ou privés de la Grande-Bretagne n'ait pas pris part au tournoi pacifique auquel ils étaient conviés. Eu égard à ces circonstances, tout rapport concernant la Section britannique serait essentiellement fragmentaire et ne donnerait qu'un tableau très incomplet, sinon très inexact de l'état actuel de l'Aquiculture chez nos voisins. Aussi, d'accord avec les membres du Jury de la Classe 53, avons-nous décidé de consacrer nos rapports à l'étude de la seule Section Française, dont l'importance était considérable et pour laquelle les documents abondent.

Ainsi qu'il a été dit plus haut, l'Aquiculture tient à la fois aux questions de science pure et aux questions commerciales et industrielles les plus spéciales. Un même rapporteur ne saurait traiter avec un égal succès des questions aussi diverses. C'est pourquoi nous avons estimé nécessaire de rédiger deux rapports distincts, répondant à ces deux points de vue. Nous espérons qu'on appréciera une telle innovation, d'autant plus que nous avons fait appel au dévouement de deux personnes d'une compétence incontestable, qui ont bien voulu accepter la fonction de Rapporteur.

M. le D<sup>r</sup> R. BLANCHARD, Professeur à la Faculté de Médecine de Paris, Membre de l'Académie de Médecine, a bien voulu se charger d'écrire un rapport technique. Secrétaire Général de la Société Zoologique de France pendant vingt-trois ans, l'un de nos prédécesseurs à la Présidence de la Société Centrale d'Aquiculture et de Pêche, il est depuis longtemps familiarisé avec les questions d'ordre scientifique qu'il avait à envisager. Écartant, de propos délibéré, certains faits déjà vulgarisés par les expositions antérieures ou par toute autre voie, il s'est attaché à mettre en relief des œuvres moins connues, mais non moins utiles. Ses appréciations, dictées par le seul souci de l'intérêt général, donnent à son rapport une note personnelle qui ne manquera pas d'être appréciée.

M. G. CAILL est le chef d'une industrie très florissante, basée sur l'utilisation de la corne et de la baleine ; ses usines de France et de Russie le mettent aux prises avec les multiples questions économiques qui concernent non seulement la matière première dont il fait usage, mais, d'une façon générale, les autres produits utilisables de la mer ou des eaux douces. Nul, parmi les Exposants, n'était plus qualifié que lui pour assumer la tâche d'écrire un rapport sur ces questions très spéciales. Le travail important qu'il a rédigé lui fait le plus grand honneur ; nous avons pu en vérifier la rigoureuse exactitude ; il ne va pas tarder à devenir une précieuse source d'informations et de références.

Grâce à ses Exposants et à ses deux rapporteurs, que nous ne saurions remercier trop vivement et trop cordialement les uns et les autres, la Classe 53 a fait bonne figure à l'Exposition Franco-Britannique de Londres. La confiance qui nous a été témoignée nous donne la ferme volonté d'améliorer encore, dans la mesure du possible, aux Expositions futures, les conditions matérielles et morales de ce groupement, qui est parmi les plus homogènes et qui présente cette heureuse particularité de constituer un terrain où la science et l'art se rencontrent et rivalisent d'ardeur dans le but commun d'augmenter la prospérité nationale.

D<sup>r</sup> M. LEPRINCE,

Président du Groupe IX B
et du Jury de la Classe 53.

*1<sup>er</sup> Juillet 1909.*

## CLASSE 53

# AQUICULTURE ET PÊCHE

Le Président de la Classe 53, M. le Dr Maurice LEPRINCE, ayant très justement fait remarquer au Comité français des Expositions à l'étranger que deux tendances très différentes se manifestaient parmi les Exposants, il a été décidé que, pour cette Classe, deux Rapporteurs seraient désignés. M. G. CANU a été chargé du rapport d'ensemble sur les opérations de la Classe, en insistant d'une façon spéciale sur le côté industriel, commercial et économique de la question. J'ai reçu la mission d'écrire un rapport d'ordre scientifique, mettant en relief les découvertes récentes ou les travaux les plus utiles et signalant à l'attention générale les efforts persévérants des hommes de science, des sociétés savantes et des établissements publics ou privés.

Délimitée par d'aussi vagues contours, ma tâche peut être ou très vaste ou très restreinte : très vaste si, par un sentiment d'excessive indulgence, je veux passer en revue non seulement les objets et documents d'ordre réellement scientifique, mais aussi ceux, en assez grand nombre, qui prétendent injustement à ce caractère ; très restreinte, si je veux m'en tenir à une brève appréciation des objets et documents susdits, forcément en petit nombre.

Je n'adopterai ni l'une ni l'autre de ces méthodes. Sans doute, je ferai table rase de tout ce qui ne relève pas de la science pure, au moins par l'une de ses faces ; mais, au lieu de me borner à une

appréciation pure et simple des objets et documents disparates
qui font l'objet de chaque exposition particulière, je crois faire
œuvre plus utile en élargissant quelque peu la question, afin d'en
prendre, autant que possible, une vue d'ensemble.

Et encore suis-je forcé de faire un choix parmi les documents
scientifiques, certains d'entre eux, d'ailleurs non dépourvus d'intérêt et très justement récompensés par le Jury, échappant à
l'étude qui est dans mes intentions.

M. G. CAILL ne manquera pas, dans son rapport, de mettre en
relief le grand intérêt des expositions particulières de la Section
anglaise, dans l'ordre industriel ou commercial. La part proprement scientifique de cette même Section est des plus restreintes
et donnerait difficilement matière à l'étude que nous avions pro-
jetée. C'est pourquoi nous nous bornerons à une revision de la
Section française.

## I. — QUESTIONS GÉNÉRALES

A cet ordre d'idées se rattachent l'exposition de la Société
nationale d'Acclimatation, celle de la Société centrale d'Aquiculture
et de Pêche, enfin celle du Dr PELLEGRIN ; toutes les trois sont
dignes d'une étude particulière.

### SOCIÉTÉ NATIONALE D'ACCLIMATATION

La SOCIÉTÉ NATIONALE D'ACCLIMATATION a obtenu un Diplôme
d'Honneur pour les documents aussi nombreux qu'intéressants
dont elle avait fait l'envoi.

Fondée le 10 février 1854, cette importante Société savante
exerce, depuis plus d'un demi-siècle, la plus heureuse activité,
en vue de propager le goût des sciences naturelles appliquées.
Sa prospérité, qui ne s'est jamais démentie, est une preuve de
l'émulation qu'elle a su créer parmi les classes éclairées. Vouloir

résumer ses travaux et ses succès équivaudrait à énumérer un grand nombre d'espèces animales et végétales, utiles ou d'agrément, amenées par elle des pays exotiques et fixées désormais dans nos régions. De telles introductions, à quelque but qu'elles répondent, sont d'une valeur considérable, puisqu'elles charment ou rendent plus facile l'existence humaine. En prenant la plus large part aux travaux de ce genre, la Société d'Acclimatation s'est acquis la reconnaissance du pays tout entier.

Dès l'origine, les questions d'aquiculture ont sollicité très vivement son attention. J'ai eu la curiosité de me reporter aux plus anciennes de ses publications, pour y rechercher les problèmes qui la préoccupaient alors. Parmi les nombreux sujets de prix proposés en 1857, je relève les deux questions suivantes, dont le choix est des plus judicieux :

Introduction d'un Poisson alimentaire dans les eaux douces ou saumâtres d'Algérie ;

Introduction et acclimatation d'un nouveau Poisson alimentaire dans les eaux douces de la France, de l'Algérie, de la Martinique et de la Guadeloupe, ou d'un Crustacé alimentaire dans les eaux douces de l'Algérie.

Chacun de ces prix consistait en une médaille de 500 francs. Le résultat du concours ne répondit guère à l'attente de la Société. Le premier prix fut néanmoins attribué ; il récompensa des tentatives d'introduction de la Carpe en Algérie.

Depuis lors, le repeuplement des eaux en Poissons de chair délicate ne cessa pas d'être au premier rang des préoccupations de la Société ; nous en trouvons la preuve dans un mémoire du professeur DUMÉRIL, daté de 1863 (1). L'année précédente, dans la 6ᵉ séance publique annuelle, tenue à l'Hôtel de ville, le 20 février 1862, sous la présidence de DROUYN DE LHUYS, le professeur DE QUATREFAGES avait fait une communication intitulée *Fertilité et culture de l'eau*. A la 7ᵉ séance publique, le 10 février 1863, RUFZ DE LAVISON parle sur *l'Aquarium du Jardin d'Acclimatation*, alors de création récente. La 15ᵉ séance publique se tient dans la même salle et sous la même présidence que les précédentes : DABRY DE THIERSANT y traite de *la Pisciculture en Chine*.

(1) A. DUMÉRIL. De la nécessité et de la possibilité d'accroître les ressources alimentaires fournies par les Poissons fluviatiles, et note sur une Truite propre à l'Algérie. *Annuaire de la Soc. imp. zool. d'acclimatation et du Jardin d'acclimatation du Bois de Boulogne*, I, in-16 de 380 p., 1863 ; cf. p. 252-265.

Cette heureuse tradition se conserve. Dans sa 34ᵉ séance publique, tenue le 12 février 1897, sous la présidence d'un des maîtres de la pisciculture française, M. RAVERET-WATTEL, le professeur Anton Fritsch, de l'Université tchèque de Prague, était proclamé membre honoraire, en raison de ses importants travaux de pisciculture en Bohême, puis M. Jules de Cuverville, par une brillante conférence sur *les Pêcheries de l'Oural, souvenirs d'un voyage accompli en 1896*, tenait sous le charme un auditoire nombreux et choisi. Dans la 35ᵉ séance publique annuelle, tenue le 16 mai 1898, M. DE MARCILLAC, l'habile pisciculteur de Bessemont, était proclamé titulaire d'une médaille offerte par le Ministre de l'Agriculture, en vue de récompenser l'élevage de la Truite arc-en-ciel et l'introduction régulière de ce Poisson vivant dans l'alimentation parisienne. Ce même jour, M. CANU, directeur de la Station aquicole de Boulogne-sur-Mer, recevait une grande médaille d'argent pour ses travaux sur l'aquiculture marine et fluviale ; en outre, la Société impériale d'acclimatation de Russie faisait remettre un brevet à M. RAVERET-WATTEL, vice-président de la Société nationale d'Acclimatation pour sa très remarquable participation à l'Exposition de pisciculture et de pêche, récemment ouverte à Nijnii-Novgorod.

Grâce aux relations personnelles et à l'intelligente initiative du baron Jules DE GUERNE, alors secrétaire général, la Société d'Acclimatation a su d'ailleurs habilement profiter du retour en France des objets exposés en Russie. Elle a organisé dans la grande salle de ses séances, 41, rue de Lille, une Exposition franco-russe de pêche et de pisciculture, qui ne resta ouverte que dix jours, du 15 au 24 février 1897, et obtint le plus franc succès. On y avait rassemblé, comme il vient d'être dit, un grand nombre d'objets provenant de l'Exposition nationale russe et libéralement prêtés par le Ministre de l'Instruction Publique, avant leur répartition définitive dans les musées nationaux (Trocadéro, Muséum d'histoire naturelle, etc.). Des particuliers avaient envoyé aussi des instruments, appareils, collections et documents de toute nature et, fait digne de remarque, la Société nationale d'Acclimatation avait très libéralement invité la Société centrale d'Aquiculture et de Pêche, alors nouvellement créée, à s'unir à elle pour rendre plus intéressante encore cette Exposition malheureusement éphémère, mais singulièrement instructive.

En parcourant son *Bulletin*, on rencontre à chaque instant des travaux consacrés à la pisciculture et à l'ostréiculture. Nous n'insisterons pas, car ce qui précède suffit à montrer de quelle façon persévérante et efficace la Société d'Acclimatation a contribué au progrès de ces sciences. A ce progrès se trouve attaché tout particulièrement le nom de MM. A. Berthoule, de Marcillac, C. Raveret-Wattel et le D' H.-E. Sauvage.

La Société, d'ailleurs, n'agit pas seulement par la parole, par l'écrit, par les récompenses ou par les expositions ; elle dispose de moyens d'action plus directement utiles. Elle fait périodiquement des distributions gratuites d'œufs et d'alevins à ceux de ses membres qui possèdent des installations pour l'incubation et l'élevage. C'est ainsi que, grâce à une entente avec la Commission américaine des Pêcheries, elle a pu introduire en France des œufs du Saumon de Californie et de la Truite arc-en-ciel. Elle continue à répandre ces deux espèces, en distribuant des œufs de provenance française, non seulement de ces deux espèces actuellement acclimatées, mais de divers autres Salmonides de qualité supérieure.

Enfin, depuis longtemps elle encourage la pisciculture sous une autre forme encore, en décernant des médailles aux gardes dont la vigilance sert si efficacement à la répression du braconnage, cause principale de la dépopulation de nos eaux douces.

## SOCIÉTÉ CENTRALE D'AQUICULTURE ET DE PÊCHE

Cette Société a son siège à Paris ; elle a été classée Hors Concours. Fondée en 1889, elle a su grandir et prospérer auprès de la Société d'Acclimatation et a su grouper autour d'elle un faisceau actif de techniciens et d'hommes de science. Son but est de propager les connaissances exactes d'ordres scientifique, pratique et économique sur tous les sujets concernant l'exploitation des produits des eaux ; elle provoque les recherches scientifiques sur la biologie des êtres aquatiques et soutient en pratique tous les intérêts piscicoles ; elle concourt au repeuplement des rivières, lacs et étangs, encourage l'élevage et la propagation raisonnés des animaux et végétaux utiles et empêche, par tous les moyens légaux, la destruction de ceux-ci ; elle groupe enfin les efforts des sociétés locales fondées dans un but analogue, leur donne son concours et aide à leur développement.

Le cadre de la Société centrale d'Aquiculture et de Pêche n'est

pas uniquement restreint aux eaux douces ; le domaine de son activité s'étend également aux eaux marines et rien de ce qui touche
l'exploitation des produits de la mer ne lui est étranger.

Ses moyens d'action sont des plus variés. Elle décerne des encouragements honorifiques (diplômes et médailles) ou pécuniaires aux
hommes de science, aux praticiens, aux agents de l'autorité, aux
institutions qui contribuent à divers titres à perfectionner les
procédés de l'exploitation des eaux et à maintenir ou à augmenter la productivité de celles-ci ; elle organise des conférences,
des congrès, parfois même des expositions, enfin et surtout elle
n'a cessé de fournir, depuis vingt années d'existence, un ensemble
de publications périodiques ou accidentelles d'un très haut intérêt scientifique et pratique.

C'est d'abord son *Bulletin mensuel*, qui constitue chaque année un
volume de 3oo à 5oo pages, orné de planches, de figures dans le
texte, de tableaux et de cartes géographiques. Il serait malaisé de
donner ici un aperçu des travaux originaux émanant des savants
les plus distingués ou des praticiens les plus expérimentés, parus
dans cet important recueil. En outre de ces mémoires originaux, le
*Bulletin* consacre quelques-unes de ses pages à la reproduction intégrale ou partielle des principaux articles parus dans d'autres périodiques ; il donne aussi des analyses bibliographiques, enfin les procès-verbaux des séances mensuelles et des assemblées générales.

De plus, la Société a édité à plusieurs reprises des publications
fort remarquables. Parmi les plus dignes d'attention, figurent trois
tableaux en chromolithographie exposés par la Société et représentant
les Poissons des eaux douces de France. Chacun de ces tableaux
mesure 1 m. 10 sur o m. 70 et donne la reproduction, le plus souvent en grandeur naturelle, d'une quinzaine d'espèces. Ils fournissent ainsi l'ensemble de la faune dulcaquicole française. Chaque
espèce a été peinte d'après nature et exécutée avec un talent artistique très appréciable, par M. P.-H. FRITEL, sous la direction
scientifique du Dr PELLEGRIN, assistant au Muséum d'histoire naturelle et Secrétaire général de la Société. Chaque planche comporte
une légende concise, due à MM. M. LEPRINCE, L. MERSEY, RAVERET-
WATTEL, donnant les renseignements pratiques indispensables sur
les Poissons et leurs mœurs, sur la pêche et les déversements industriels, etc. En dehors de leur valeur artistique, les tableaux des Poissons des eaux douces de France constituent une œuvre scientifique
et didactique tout à fait méritoire.

## TRAVAUX ICHTYOLOGIQUES DU D$^r$ J. PELLEGRIN

M. le D$^r$ PELLEGRIN, dont le nom vient d'être cité à plusieurs reprises, a obtenu une Médaille d'Or pour sa très importante Exposition de documents imprimés.

Bien que spécialisé depuis longtemps dans l'étude systématique des Poissons, il ne s'est pas confiné seulement dans le domaine de la zoologie pure et la plupart des travaux qu'il soumet à l'appréciation du Jury ont une portée pratique considérable.

C'est ainsi, par exemple, que le volume intitulé *les Poissons vénéneux* est une contribution des plus utiles à l'hygiène navale. L'auteur passe en revue les diverses espèces de Poissons susceptibles de produire, par ingestion, des empoisonnements plus ou moins graves. Ces intoxications peuvent être rangées, comme je l'ai montré, sous deux catégories : les accidents de *ciguatera*, produits par des leucomaïnes ou alcaloïdes physiologiques, et les accidents d'*ichtyosisme*, dus aux toxines diverses de la décomposition et de la putréfaction. Les premiers sont particuliers à un assez petit nombre d'espèces des mers tropicales, les seconds peuvent avoir pour origine, d'une façon générale, toutes les espèces employées dans l'alimentation. M. PELLEGRIN s'est attaché à montrer les causes de ces empoisonnements, leurs symptômes et leurs remèdes.

Nous devons signaler encore une importante monographie des Poissons de la famille des Cichlidés. Ce groupe, un des plus vastes de la Classe des Poissons, comprend actuellement plus de 300 espèces ; il représente dans les eaux de l'Afrique et de l'Amérique tropicale les Perches d'Europe.

Se plaçant tour à tour au point de vue anatomique, biologique et taxinomique, l'auteur fournit une étude complète de cette importante famille. De nombreuses espèces nouvelles sont décrites et figurées. Les parties biologique et économique de cette étude sont l'objet de développements spéciaux et le D$^r$ PELLEGRIN fournit de nombreux renseignements sur les mœurs, le régime, la reproduction des Cichlidés, ainsi que sur leur utilisation comme Poissons alimentaires ou d'ornement.

Un bon nombre de mémoires moins étendus, et d'ailleurs

d'importance inégale, sont consacrés à la description zoologique et à l'étude biologique des Poissons exotiques, principalement des colonies françaises. L'ensemble forme, en quelque sorte, une étude générale de la faune ichtyologique de nos différentes possessions d'outre-mer : Afrique tropicale française, Madagascar, Indo-Chine, Guyane, etc. De telles publications mériteraient d'être plus accessibles au grand public, car elles sont d'une incontestable utilité pour les colons, qui pourraient apprendre à y connaître les ressources dont ils peuvent disposer dans les régions qu'ils veulent mettre en valeur.

Les importants travaux dont je parle ne portent pas exclusivement sur les Poissons d'eau douce : les Poissons de mer y occupent aussi une large part.

On sait que, depuis quelques années, un certain nombre de missions, dirigées par M. Gruvel, ont été envoyées sur la côte occidentale d'Afrique, principalement au banc d'Arguin et dans la partie comprise entre le cap Blanc et le cap Vert, afin d'y établir ou d'y développer des pêcheries. Les nombreuses espèces qui habitent ces côtes, et dont plusieurs ont une grande importance au point de vue alimentaire, ont été rapportées au Dr Pellegrin, qui les a étudiées et déterminées et a consigné les résultats de ses recherches dans deux volumineuses brochures ornées de nombreuses figures et de planches.

De l'autre côté de l'Afrique, les établissements français de la baie de Tadjourah possèdent également des richesses ichtyologiques considérables et à peu près complètement inexploitées ; le Dr Pellegrin leur consacre aussi une intéressante notice.

Enfin, le même auteur a encore exposé une *Zoologie appliquée*, écrite en collaboration avec M. Victor Cayla, ingénieur agronome, et rédigée surtout en vue des questions concernant la France et ses colonies. Ce gros volume est divisé en cinq parties principales. La première est un résumé de zoologie générale. La deuxième, beaucoup plus développée, traite de l'élevage des espèces indigènes utiles : les méthodes les plus rationnelles employées en pisciculture, ostréiculture, sériciculture, apiculture, etc., y sont exposées avec clarté ; la place réservée aux Poissons et à l'aquiculture est particulièrement étendue. La troisième partie est consacrée aux collections zoologiques et à l'art de les former ; la quatrième aux produits animaux des colonies françaises. Enfin, dans un appendice se trouvent réunis les principaux textes des lois, décrets ou règlements s'appliquant aux questions traitées dans cet ouvrage.

En insistant aussi longuement sur les documents exposés par le Dr PELLEGRIN, nous avons conscience de mettre en évidence un naturaliste aussi modeste que désintéressé, dont les importants travaux ont ce double mérite d'être aussi profitables à la science pure qu'à la science appliquée.

## II. — LA PISCICULTURE EN EAU DOUCE

La loi qui a récemment constitué les Universités régionales a eu, entre autres heureux résultats, celui de donner à celles-ci une liberté d'action dont elles ne jouissaient à aucun degré sous les régimes précédents.

Elles ont pu s'adapter aux besoins modernes, créer des enseignements nouveaux appropriés aux exigences locales, quitter les sphères élevées de la science pure pour s'intéresser aux questions de science appliquée : en un mot, elles sont devenues, par certains côtés, plus pratiques, plus vivantes, plus intimement mêlées à la vie courante. Ces innovations heureuses, dont on ne conçoit pas maintenant qu'elles aient pu se faire attendre si longtemps, se sont manifestées dans les directions les plus diverses ; dans deux Universités, à Toulouse et à Grenoble, elles ont abouti à la création d'un remarquable laboratoire de pisciculture dont nous devons donner un aperçu.

### STATION DE PISCICULTURE
### ET LABORATOIRE D'HYDROBIOLOGIE
### DE L'UNIVERSITÉ DE TOULOUSE

M. Louis ROULE, professeur de zoologie à l'Université de Toulouse, obtient un Grand Prix pour sa très importante exposition relative à la Station de pisciculture placée sous sa direction.

2

Cette Station appartient actuellement à l'Université de Toulouse. Elle est située dans un faubourg de la ville, à deux kilomètres seulement de la Faculté des Sciences, sur une avenue que desservent des tramways. Elle offre, par suite, toutes facilités aux travailleurs. Sa fondation remonte à une trentaine d'années ; elle était destinée tout d'abord à l'élevage industriel des Poissons. Son dernier propriétaire, Georges LABIT, voulut faire davantage : il était en train de la convertir en un assemblage de Musées et de Laboratoires consacrés à l'enseignement public de la pisciculture rationnelle et aux études sur la biologie des eaux douces, quand la mort vint l'interrompre en plein travail. Son père en fit alors don à l'Université de Toulouse, au début de l'année 1903.

L'Université accepta le legs et confia la direction de l'établissement à M. L. ROULE, assisté de M. AUDIGÉ comme Chef de travaux. Pour en assurer le fonctionnement, elle donne chaque année une subvention que viennent augmenter des allocations du Ministère de l'Agriculture, du Conseil Général de la Haute-Garonne et de la Société des Pêcheurs à la ligne de Toulouse. En outre, quelques personnalités toulousaines ont accordé à la Station, et à plusieurs reprises, des ressources suffisantes pour améliorer son outillage et son installation. Depuis la cession à l'Université, le budget ordinaire d'entretien est, en moyenne, de 7.000 à 8.000 francs par an ; les ressources extraordinaires résultant de dons particuliers dépassent actuellement la somme globale de 30.000 francs.

### DESCRIPTION

La Station entière couvre une surface d'un hectare et dix huit ares. Elle comprend un vaste bâtiment servant de laboratoire général et un ensemble de bassins avec bâtiments particuliers destinés à la pisciculture.

Le laboratoire général, élevé d'un étage sur rez-de-chaussée, mesure 36 mètres de longueur. Au rez-de-chaussée se trouve un aquarium public, où les principales espèces des Poissons régionaux sont représentées en permanence par des exemplaires vivants de divers âges. Le premier étage renferme : 1° un musée public de pêche et de pisciculture, où tous les engins et outils figurent avec les indications nécessaires ; 2° une bibliothèque ; 3° une grande salle de travail réservée aux chercheurs et contenant les collections techniques d'ichtyologie et d'hydrobiologie.

Les bassins et leurs annexes forment trois catégories :

1° Celle de l'élevage des Salmonides (Truite ordinaire, Truite arc-en-ciel, Omble de fontaine). Les bassins des reproducteurs, construits en ciment, munis de fosses à capture et de cheminées ascendantes d'évacuation, reçoivent de l'eau froide puisée dans l'abondante nappe phréatique, élevée dans un réservoir par une pompe centrifuge qu'actionne un moteur à gaz, et distribuée sous pression. A cette catégorie se rattache une salle d'alevinage contenant 36 bassins d'élevage, munis aussi de fosses à captures, associés par deux, dont chacun peut abriter au moins 10.000 alevins de l'année courante, soit en tout 350.000 à 400.000 alevins.

2° Celle de l'élevage des Cyprinides. Celle-ci est réservée à la Carpe, au Goujon et à la Brème ; elle comprend sept bassins, mesurant plus de 60 mètres de longueur, destinés à héberger les reproducteurs. Ces bassins sont alimentés par deux réservoirs contenant plus de 3.000 mètres cubes, où se déverse une dérivation du canal de Saint Martory, dérivé de la Garonne, amenant de façon continue 30 litres d'eau à la seconde, soit près de deux mètres cubes par minute. A cette catégorie se rattachent des bassins de fraye, destinés spécialement à la ponte et à l'entretien des alevins jusqu'aux époques d'immersion.

3° Celle de l'hydrobiologie. Quatre bassins lui sont réservés, où vivent côte à côte, soit naturellement, soit qu'on les ait apportés, la plupart des animaux qui habitent les eaux douces régionales, depuis les Bryozoaires et les Rotifères jusqu'aux Poissons. Ces bassins offrent ainsi aux travailleurs, et en permanence, des ressources précieuses.

#### RÔLE ET TRAVAUX DE LA STATION

Le rôle de la Station est double. Il s'adresse à la fois à la pisciculture et à l'hydrobiologie, celle-ci étayant celle-là et lui procurant sa méthode. Les laboratoires de la Station, des ressources particulières, celles que lui procurent le voisinage des laboratoires de la Faculté des Sciences et des bibliothèques, permettent aux naturalistes d'avoir toute facilité pour leurs études techniques. La biologie des eaux douces, la limnologie, les recherches morphologiques et physiologiques sur les êtres aquatiques, entrent de façon constante dans le programme des travaux de la Station. Quelques-uns de ces derniers ont été publiés dans plusieurs recueils.

D'autre part, et au sujet de la pisciculture, la Station n'a point pour but unique d'élever des Poissons en ses bassins, ni de préparer des alevins, ainsi qu'il en est dans les établissements ordinaires. Elle n'est pas seulement un centre d'élevage, auquel on aurait annexé des collections et des laboratoires. Elle appartient à l'Université ; elle a, par suite, tâche d'enseignement. Elle est en réalité, dans toute l'acception du terme, une école de pisciculture. On ne s'y borne point à la seule exploitation pratique ; on tâche d'améliorer cette dernière à l'aide de recherches techniques. On enseigne par la leçon comme par l'exemple. Elle a l'avantage de ne point servir seulement à quelques-uns, mais de s'ouvrir à tous, contribuant ainsi, en ce qui dépend d'elle, à l'éducation publique. A ce titre, elle ne le cède en rien aux établissements du même genre, fondés ailleurs, même à ceux des pays où les études biologiques sont le plus en honneur.

Pourtant, le programme de la Station ne s'arrête point aux recherches sur l'hydrobiologie, aux enquêtes administratives ni aux services de la piscifacture et de l'alevinage. Une part importante est réservée à la Pisciculture industrielle. Il faut entendre par là l'élevage des Poissons dans des eaux closes et surveillées. On peut cultiver les eaux pour en retirer du Poisson, comme on cultive les terres pour en obtenir des récoltes, ou comme on élève le bétail et la volaille dans les fermes et les basses-cours. Cette industrie possède en elle le germe d'un réel avenir. On laisse souvent les eaux se perdre, ou bien on ne les utilise que pour l'arrosage et pour en tirer de la force motrice, alors qu'on pourrait leur faire donner par surcroît d'importants revenus. L'élevage des Truites, des Écrevisses, des Carpes, des Tanches, d'autres encore, est capable de rendre des bénéfices certains, parfois considérables, si on le pratique de manière convenable. Mais il faut suivre avec rigueur une méthode précise, sous peine d'insuccès si on vient à s'en écarter. La Station donne cette méthode et fournit cet enseignement. Elle est, par elle-même, une complète leçon de choses ; il suffit de la visiter pour savoir comment procéder.

L'aquarium montre les Poissons vivants : il apprend à les connaître. Il instruit aussi sur les pratiques de l'incubation artificielle, sur ses divers procédés, dont chacun vaut souvent, d'après les circonstances et les aptitudes de l'opérateur. Les salles de collections donnent, sur les principaux instruments piscicoles, des renseignements suffisants. On y voit des frayères, des radeaux flottants, des réservoirs à transport, des modèles d'installations et d'appareils. Enfin la visite des bassins complète l'éducation commencée. On y apprend la pratique par l'exemple, on y trouve l'application directe des notions déjà acquises. Des écriteaux, placés partout, mentionnent les procédés utiles à connaître quant à la nourriture, aux soins, aux rubriques variées de chaque élevage.

Le public est admis dans la Station entière. La pratique lui importe surtout, et c'est d'elle qu'il peut se rendre compte sans aucune entrave. Les visites publiques ont lieu le dimanche, dans l'après-midi, de deux heures à quatre heures pendant la majeure partie de l'année, de quatre heures à six heures au moment des fortes chaleurs. Elles sont annoncées, chaque mois, par les journaux quotidiens de Toulouse. En sus de ces visites, la Station accueille tous les jours, de deux heures à quatre heures, les personnes qui veulent examiner en détail les installations, et celles qui désirent apprendre la pisciculture. Il leur suffit de demander des cartes d'admission. Le personnel de la Station donne, de vive voix, les explications nécessaires.

Chaque année, pendant la belle saison, des leçons publiques ont lieu dans la salle des collections de pêche. Chacune d'elles est suivie d'une conférence-promenade dans la Station entière. Ces leçons portent sur un point déterminé de l'aquiculture et de l'industrie piscicole : élevage des Carpes, élevage des Truites, élevage des Écrevisses, etc. On s'efforce d'y rendre claires et compréhensibles les notions qu'il importe de connaître, et on les accompagne de démonstrations pratiques. En outre, des conférences avec projections, des séances d'explication données hors Toulouse, dans les centres importants de la région, complètent ce service d'enseignement dont la Station assume la charge pour remplir en entier son programme.

### RÉSULTATS ACTUELS.

Ces résultats sont de trois sortes :

1° *Service du repeuplement régional*. — Chaque année, depuis 1904, la Station procède à des immersions d'alevins destinés au repeuplement des cours d'eaux. Elle fait appel, d'ordinaire, pour ces opérations, aux Sociétés locales de pêcheurs à la ligne, principales bénéficiaires de ce repeuplement. Elle en fait deux catégories : l'une, réservée à la Truite ordinaire et, dans quelques cas, à la Truite arc-en-ciel, pour les torrents des Pyrénées, et ceux du massif voisin de la Montagne-Noire ; l'autre, réservée à la Carpe, à la Brème, au Goujon, pour les cours d'eau des régions de basse altitude. Malgré le petit nombre des immersions ainsi pratiquées depuis quatre ans seulement, on a pu constater, en quelques régions, une augmentation sensible des captures.

2° *Service des consultations.* — Par son enseignement et ses conseils, la Station a favorisé la création, dans le Sud-Ouest, d'un certain nombre d'établissements adonnés à la pisciculture industrielle, et notamment à l'élevage des Salmonides. Tous prospèrent, et quelques-uns procurent des bénéfices sérieux. C'est une industrie nouvelle qui se fonde et s'étend. La plupart des produits sont écoulés sur Paris en hiver, dans les villes d'eau en été. La Station consultée d'abord au sujet des plans à établir et de la méthode à suivre, continue son œuvre de consultations pour l'entretien courant (alimentation, maladies, etc.).

3° *Service des publications.* — La Station publie, depuis sa fondation, un *Bulletin* où sont insérées, et au moins résumées, les recherches entreprises grâce à ses ressources. Depuis 1907, ce *Bulletin* a été transformé en un périodique d'enseignement et de diffusion, sous le titre de *Bulletin populaire de la pisciculture et des améliorations de la pêche.* La moitié environ du tirage est distribuée gratuitement aux Bibliothèques scolaires et universitaires. Le prix d'abonnement, pour la seconde moitié, est abaissé au taux le plus bas. Chaque numéro contient, après les articles de fonds écrits par des spécialistes, une chronique d'après les principaux périodiques étrangers, et une revue bibliographique générale. D'une élégante impression, orné de belles gravures, ce périodique paraît sous la direction du professeur ROULE et de M. R. DE DROUIN DE BOUVILLE, inspecteur-adjoint des eaux et forêts ; il est à la fois une mine de renseignements scientifiques et de conseils pratiques ; il ne peut manquer de contribuer dans la plus large mesure à propager le goût de la pisciculture et de concourir ainsi à l'augmentation du bien-être général, sinon de la fortune publique.


## LABORATOIRE DE PISCICULTURE
### DE L'UNIVERSITÉ DE GRENOBLE

M. Louis LÉGER, professeur de zoologie à l'Université de Grenoble, obtient un Grand Prix pour une très importante série de documents concernant le laboratoire de pisciculture fondé et dirigé par lui.

M. Joseph Amodru, chef du bassin d'essai à Uriage, et M. Paul Giraud, chef du bassin d'essai à Lans, obtiennent chacun une Médaille d'Argent, à titre de collaborateurs.

L'établissement, fondé en 1901 par le Professeur Léger, est trop utile et les résultats obtenus à ce jour sont trop éloquents pour que nous n'entrions pas à cet égard dans des détails assez circonstanciés. Il y a là une œuvre très importante, fondée avec des ressources restreintes, poursuivie avec une intelligence et une persévérance dignes des plus grands éloges.

I. — Le Dauphiné et, à un point de vue plus large, toute la région montagneuse du sud-est de la France comprise entre le Rhône et la frontière italienne, constitue une région assurément des plus importantes de notre pays pour la mise en valeur biologique des eaux. C'est qu'en effet, les eaux y sont nombreuses, coulant de toute parts avec un régime tantôt régulier, tantôt variable, mais toujours d'une façon constante et que, par leurs qualités physiques et biologiques, pureté, fraîcheur, aération et valeur nutritive, elles constituent le milieu par excellence pour le développement des Poissons les plus succulents et les plus recherchés, les Truites ou autres Salmonides. Or, si l'on remarque que ces Poissons ont une valeur pécuniaire près de dix fois supérieure à celle des Poissons blancs (Poissons d'étang ou de rivière tranquille, Cyprinides), on voit tout de suite quel puissant intérêt s'attache à l'étude des divers moyens à mettre en œuvre pour arriver à peupler ces eaux, à les cultiver même, lorsqu'il est possible, en un mot à leur faire rendre au point de vue biologique et sous la forme Salmonides tout ce qu'il est possible d'en tirer.

Le problème est complexe, mais d'autant plus important que, d'une part, nous sommes, en France, presque totalement tributaires de l'étranger pour ces denrées, que des nations moins bien partagées que nous à ce point de vue, mais peut-être mieux organisées, nous en vendent pour plusieurs millions par an et que, d'autre part, les régions de la France où pourraient se faire ces cultures ou ces exploitations piscicoles sont encore actuellement parmi les plus pauvres. Telles sont, en effet, nos régions de montagne et surtout des Alpes, qui pourraient trouver là un précieux profit, sans risquer aucun capital.

C'est pour rechercher la solution de cet important problème économique et social que le Professeur Léger a fondé à la Faculté des

sciences de Grenoble un laboratoire de pisciculture, dans le but
essentiel d'étudier la faune piscicole des eaux, puis le rendement de
celles-ci et les moyens de l'accroître. A cela d'ailleurs ne se bornent
pas les moyens d'action du laboratoire ; diverses circonstances,
d'abord imprévues, sont venues étendre considérablement son importance.

Grâce aux connaissances approfondies du Professeur Léger en matière de parasitologie, il est devenu un centre important pour l'étude
des maladies des Poissons, comme le montrent les nombreux travaux
d'ichthyopathologie effectués à cet établissement. En outre, situé
dans un centre forestier de premier ordre, il est devenu un organe
d'enseignement pratique où viennent tous les ans s'instruire les
agents forestiers chargés du service de repeuplement, les élèves de
l'Ecole normale d'instituteurs, les membres des sociétés de
pêche, etc.

Ainsi, le laboratoire de pisciculture a pris, pour ainsi dire de lui-
même, une extension considérable au point de vue pratique et
pédagogique, ce qui démontre assez clairement à quel point il
répondait à un besoin urgent. Depuis plusieurs années, nous assis-
tons, avec le plus vif intérêt, à son développement progressif et
nous constatons ses succès. Lors d'un récent Congrès de l'Association française pour l'avancement des sciences, tenu à Grenoble,
une section spéciale de pisciculture, organisée par le Professeur
Léger, fut des plus suivies et réunit de nombreuses et importantes
communications.

A l'Exposition internationale de Milan, en 1906, le laboratoire
montre son organisation de début et ses premiers résultats en une
série de documents des plus instructifs : il obtient un Diplôme
d'Honneur et le Professeur Léger reçoit une Médaille d'Or.

A l'Exposition Franco-Britannique, les documents présentés par
le laboratoire sont beaucoup plus complets qu'à Milan ; ils sont, en
quelque sorte, l'expression imagée de son organisation, de son
rôle, de son fonctionnement et de ses résultats. Ces documents
comprennent :

1° Une série de grandes vues photographiques et de plans se
rapportent à l'organisation et à l'installation du laboratoire : salles
d'incubation et d'alevinage, salles de recherches, salles de collections, etc. (cadres 1, 2 et 3);

2° Une série de vues représentant les principaux champs naturels d'expérience du laboratoire, cours d'eau, torrents et lacs de

montagne où sont pratiqués les essais de peuplement et d'acclimatation des espèces nouvelles (cadres 1 et 3) ;

3° Des documents photographiques concernant les stades de croissance des divers Salmonides cultivés aujourd'hui dans les eaux alpines, sous l'impulsion du laboratoire (cadre 4) ;

4° Un modèle de monographie aquicole d'un des bassins d'essai du laboratoire, avec plan et statistique de rendement du plus haut intérêt (cadre 5) ;

5° Une série d'études, avec reproductions photographiques des plus instructives, sur les maladies et les malformations des Poissons, ainsi qu'une collection remarquable de monstruosités et de vices du développement. Certains de ces documents, notamment ceux qui se rattachent à l'histoire du cancer thyroïdien des Salmonides, seront étudiés plus loin (cadre 6) ;

6° Une longue suite de travaux originaux du Laboratoire, se rattachant aux branches les plus variées de la pisciculture appliquée : hydrobiologie des torrents, faune piscicole, rendement cultural, pathologie, etc. En outre, des ouvrages d'enseignement pratique et des monographies types des bassins d'essai du Laboratoire qui seront consultés avec fruit.

### ORGANISATION

Le Laboratoire est avant tout une Station d'essai de *Salmoniculture*. Le Professeur LÉGER désigne ainsi cette partie de la pisciculture qui concerne spécialement la culture des Salmonides, si différente à tous points de vue (installation, procédés, qualité des eaux, etc.) de celle des Cyprinides, que le même auteur propose de désigner sous le nom de *Cypriniculture*. C'est qu'en effet l'aquiculture des eaux douces comporte deux branches distinctes à ce point, que non seulement elles n'utilisent ni les mêmes procédés ni les mêmes installations, mais encore qu'il est nécessaire pour chacune d'elles d'avoir une eau de qualité physique fort différente. Il est même impossible à une station (nous entendons une station modèle d'enseignement pratique et de repeuplement) d'être à la fois une station de Salmoniculture et de Cypriniculture, la première nécessitant des eaux froides et aérées, qui sont irrévocablement funestes à la seconde, laquelle demande, au contraire, des eaux chaudes et tranquilles, à végétation aquatique.

A ce point de vue, la ville de Grenoble, située au milieu de montagnes et abondamment pourvue d'une eau fraîche et limpide, se prête mieux que toute autre à l'installation d'un établissement de Salmoniculture, et M. Léger l'a nettement démontré par les résultats qu'il a si rapidement obtenus, tant au point de vue du repeuplement et de l'acclimatation d'espèces à grand rendement qu'à celui de leur culture intensive, basée sur l'étude de l'hydrobiologie de la région.

Les Salmonides qu'on cultive surtout au Laboratoire sont: la Truite indigène *(Trutta fario)* la Truite arc-en-ciel *(Salmo irideus)*, le Saumon de fontaine *(Salvelinus fontinalis)*, l'Ombre chevalier *(Salvelinus umbla)*.

Chaque année, 30 à 40.000 œufs de ces différents Salmonides, provenant en partie des reproducteurs conservés dans le laboratoire ou capturés dans les bassins d'essai, en partie des établissements forestiers de l'Etat (Thonon) ou des meilleurs établissements commerciaux, sont mis en incubation, et les alevins, conservés jusqu'à l'âge de 5 à 6 mois, sont ensuite répartis dans les diverses eaux de la région. Un lot important de chaque espèce est toutefois réservé au laboratoire, pour servir aux expériences et pour assurer des reproducteurs futurs.

Après les éclosions, les alevins sont répartis dans des bacs de premier âge, au nombre de 2 à 3.000 par bac. Chaque bac reçoit 2 litres d'eau à la minute; il possède des bords peu élevés, ce qui en facilite le triage et le nettoyage. Au bout de 2 à 3 mois, les alevins, nourris à la pulpe de rate et au fromage blanc, sont déjà de belle taille. On les conduit alors dans des bassins plus vastes, où ils atteignent rapidement la taille suffisante pour le lancement (5 centimètres environ).

Les sujets conservés au laboratoire pour la démonstration, l'étude ou la reproduction, sont placés dans de grands aquariums encastrés dans la muraille et éclairés par une petite fenêtre située un peu au-dessus. Chacun de ces aquariums mesure 1 m. 85 de long et contient environ 400 litres; le débit de l'eau n'est que de 2 litres à la minute. Les Salmonides y vivent très bien, même en grand nombre, à la seule condition de veiller à ce qu'ils soient tous de même taille. Ainsi, certains aquariums renferment plus de 100 sujets de 20 centimètres de long. Ils constituent, pour le public qui vient les voir avec curiosité, un spectacle aussi attrayant qu'instructif, en même temps qu'un précieux enseignement. Les photographies présentées à l'Exposition dans le cadre 4, intitulé « Bac des Salmonides », sont précisément celles de ces différents aquariums avec

Fig. 1. — Un bac d'alevins de Truites.

Fig. 2. — Bac des Salmonides (reproducteurs).

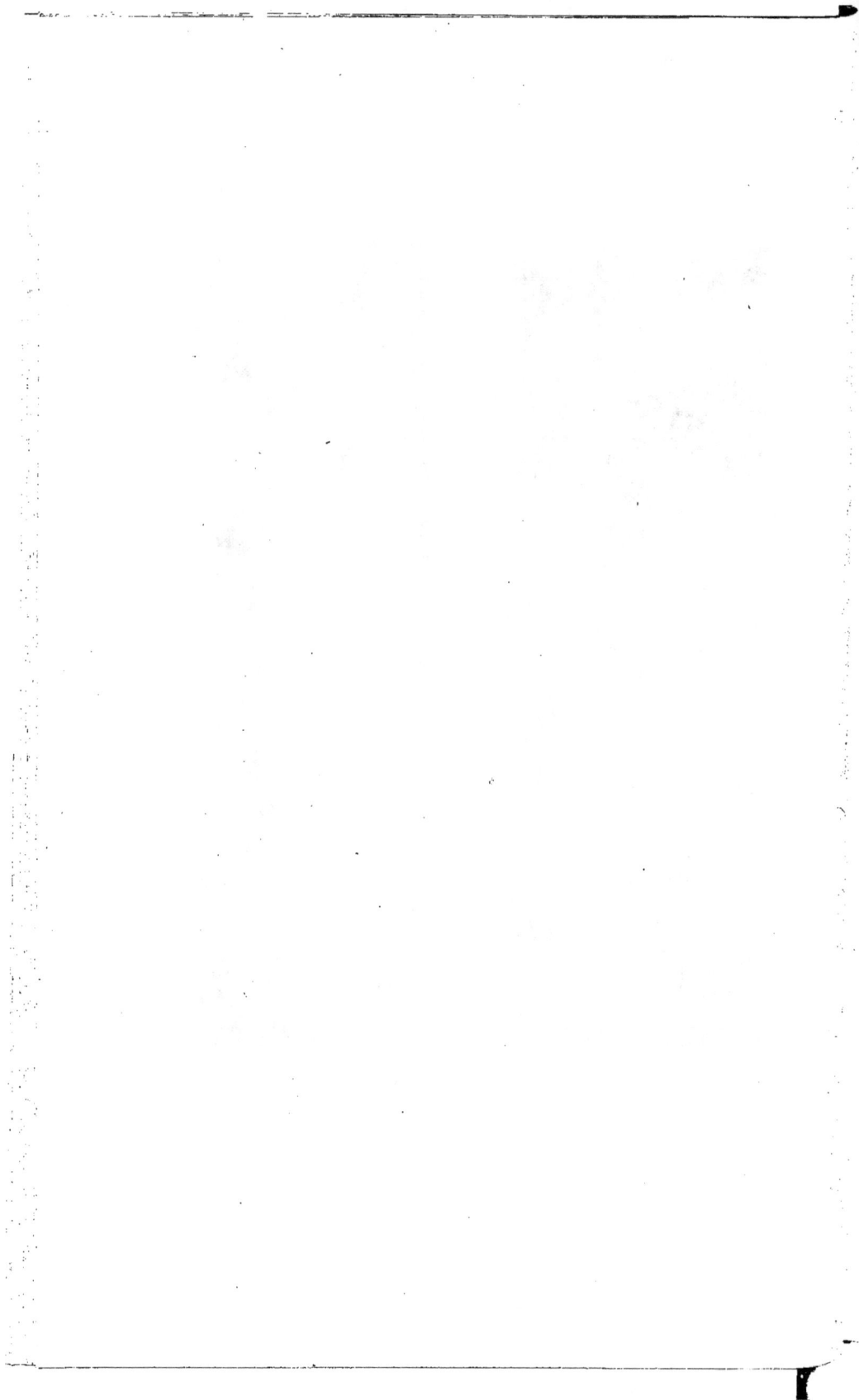

l'indication de l'âge et de la nature des sujets. Nous donnons ici (fig. 1 et 2) une vue photographique de deux de ces bassins. Dans celle qui représente le « Bac des reproducteurs », on distingue facilement un beau Saumon de fontaine à robe tigrée, des Truites arc-en-ciel avec leur pointillé et leur bande longitudinale, des Ombles chevaliers avec leurs larges nageoires dorsales et pectorales.

Certains des sujets, nés au laboratoire et élevés dans les aquariums, atteignent et dépassent 1 kilogramme en 4 ou 5 ans, malgré l'espace trop restreint dans lequel ils se meuvent.

En outre, un ruisseau, alimenté par toutes les eaux de déversement des bacs situés d'un même côté de la salle d'élevage, sert à recevoir les sujets de grande taille, destinés plus spécialement à être choisis comme reproducteurs.

Du côté opposé se trouve un ruisseau plus petit, utilisé pour des Crevettes d'eau douce *(Gammarus)* destinées à la nourriture des Truites et pour la conservation des Écrevisses *(Astacus pallidipes)*, en vue d'études de parasitologie.

En outre de la salle d'élevage qui constitue le laboratoire de pisciculture proprement dit, l'établissement comprend une salle de musée et de collections, dans laquelle sont exposés et spécialement agencés pour la description des divers appareils d'incubation, les systèmes d'emballage et de transport des œufs, les différents types de bidons de transport pour les alevins.

La même salle renferme une collection très complète des Poissons d'eau douce de France, une série de pièces anatomiques concernant l'organisation des Poissons et une reproduction très amplifiée des stades du développement de l'œuf des Salmonides. On y voit également une remarquable collection de pièces concernant les maladies des Poissons, parmi lesquelles il faut signaler une série unique des différents types du cancer thyroïdien des Salmonides, une série extrêmement variée de pathologie et monstruosités des alevins (même cadre) et de nombreuses pièces, dont plusieurs inédites, sur les Helminthes parasites des Poissons. Ce sont là de précieux documents originaux pour des travaux de recherches en ichthyopathologie, que plusieurs spécialistes français et étrangers sont déjà venus consulter.

Directement en communication avec la salle de musée, se trouve une salle de conférences et de travaux, vaste, bien éclairée, et cependant encore trop petite les jours où les cours de pisciculture pratique réunissent au laboratoire les agents forestiers, les membres des sociétés de pêche et de repeuplement et les amateurs de pisciculture de la région.

Le laboratoire de recherches occupe l'étage supérieur. Il se confond ici en partie avec le laboratoire de zoologie générale et se trouve ainsi en relation directe avec les cabinets de travail. C'est dans cette salle que sont réunies les collections hydrobiologiques mises en œuvre pour l'étude de la faune des torrents et des lacs alpins, ainsi que des diverses autres collections se rattachant à l'aquiculture, telles que : ennemis des Poissons et des alevins, stades de croissance, etc.

### BASSINS D'ESSAI

Une innovation des plus intéressantes, dont les traits principaux et les résultats pratiques sont présentés à l'Exposition sous le titre : *Monographie des bassins d'essai*, est la création de champs d'expérience piscicole en montagne. Ces champs d'expérience, destinés à fournir les renseignements les plus précis sur le rendement cultural des diverses espèces de Poissons dans les eaux alpines, sont désignés sous le nom de *Bassins d'essai*. Ils ont été établis à des altitudes variées et dans les divers types de terrains de la région.

Chacun d'eux est d'abord l'objet d'une étude monographique détaillée concernant ses conditions physiques, chimiques et biologiques, soigneusement enregistrée dans un dossier tel que celui exposé dans le cadre n° 5. Un certain nombre d'alevins ou de jeunes individus de divers Salmonides ou autres espèces y sont placés, après avoir été comptés, mesurés et pesés, et, au bout d'un temps déterminé, leur rendement est enregistré et comparé, en tenant compte non seulement du poids acquis, mais encore de la qualité de la chair, de la valeur comme reproducteurs, des maladies contractées, etc.

Depuis le peu de temps que ces bassins ont été établis, les résultats obtenus sont des plus instructifs, non seulement au point de vue principal du rendement comparé des espèces selon les caractères des eaux, mais parfois aussi au point de vue de la valeur nutritive de la faune naturelle des eaux et de l'histoire des maladies des Poissons. Pour ne citer qu'un exemple à ce sujet, notons ici l'étude comparative de deux de ces bassins d'essai, situés chacun dans une vallée différente, mais dont l'eau présente sensiblement les mêmes caractères physico-chimiques et biologiques, la faune nutritive

Fig. 3. — Groupe de bassins d'essai n° 5, aux Jailleux (Altitude 1.100ᵐ).

dominante étant représentée dans l'un comme dans l'autre par d'innombrables Crevettes d'eau douce *(Gammarus)* que les Salmonides mangent volontiers, surtout quand leur table n'est pas trop variée, comme c'est le cas. Or, bien que les conditions de milieu fussent sensiblement les mêmes dans les deux bassins, dans l'un le rendement en Saumon de fontaine, au bout de la deuxième année, était de beaucoup inférieur à celui de l'autre, le poids moyen des sujets du premier bassin atteignant à peine la moitié de celui des sujets du second.

L'observation attentive de nombreux sujets de ces deux bassins donna la clé de l'énigme, en même temps qu'elle apportait un renseignement parasitologique précieux et encore inédit. Tous les Saumons du premier bassin avaient les cæcums gastriques et les intestins bondés de Cyathocéphales *(Cyathocephalus truncatus),* sorte de petits Ténias qui, lorsqu'ils sont en nombre aussi considérable, portent un grave préjudice à la nutrition de leur hôte, alors que ceux du second bassin n'en montraient jamais. La différence de rendement était donc certainement due à l'action des parasites en aussi grand nombre et il devenait intéressant de rechercher l'origine de l'infection. On la découvrit facilement en examinant les Crevettes du premier bassin. Presque toutes hébergeaient un et parfois plusieurs stades larvaires du Cyathocéphale.

Ainsi donc, les expériences poursuivies dans ces deux bassins d'essai ont appris : 1° que ce sont les Crevettes qui transmettent les Cyathocéphales aux Poissons, ce qu'on ignorait encore (1) ; 2° que ces parasites, lorsqu'ils sont très nombreux, portent un assez grave préjudice au développement du Poisson. D'où cette importante conclusion pratique, qu'il faut éviter de créer ou d'alimenter ses bassins avec de l'eau renfermant des Crevettes infestées, si l'on veut faire de la pisciculture à fort rendement et que, par conséquent, la connaissance préalable de la faune libre et parasite des eaux est indispensable avant de commencer tout travail d'exploitation piscicole. Telle est la seule base vraiment solide, parce qu'expérimentale, sur laquelle on puisse asseoir les principes de la culture rationnelle des eaux.

Nous donnons ici la photographie de deux de ces bassins d'essai.

L'un, le bassin n° 5 (fig. 3), est un type de bassin de haute montagne à eau très froide, où la culture du Saumon de fontaine

---

(1) Depuis lors, E. Wolf a publié une étude sur le même sujet.

a donné d'excellents résultats ; la monographie détaillée de ce bassin était exposée dans le cadre n° 5.

L'autre, le bassin n° 2 (fig. 4), est un bassin de faible altitude sur terrain d'alluvion, où l'étude comparative du développement des trois espèces principales de Salmonides de culture (Truite indigène, Truite arc-en-ciel, Saumon de fontaine) a fourni des renseignements précis sur leur valeur et leur rendement en eaux de type moyen. A ce bassin est annexé un petit pavillon abritant une batterie de six appareils à incubation, de 2.000 œufs chacun, et permettant au chef de bassin de faire éclore sur place les œufs fournis par les reproducteurs. L'ensemble représente ainsi une véritable petite station modèle de salmoniculture pratique. La monographie était exposée avec les travaux originaux du laboratoire.

Le laboratoire possède actuellement cinq de ces bassins d'essai. Ils sont établis à des altitudes variant de 275 à 1.500 mètres et offrent des températures moyennes qui s'échelonnent entre 4 et 20°.

Chaque bassin est surveillé et entretenu par un chef de bassin, correspondant du laboratoire et placé sous l'administration du directeur. Ces chefs de bassin, qui habitent le voisinage immédiat des champs d'expérience dont ils sont pour quelques-uns même les propriétaires, viennent étudier la pisciculture pratique au laboratoire et deviennent par cela même d'actifs prosélytes, prêchant d'exemple et capables de donner à leur tour des conseils éclairés.

#### RÔLE ET BUT DU LABORATOIRE

Par son organisation qui permet à la fois la production d'une quantité assez importante de diverses espèces de Salmonides et l'étude des différentes questions d'hydrobiologie et d'ichthyopathologie, le laboratoire remplit un rôle à la fois pratique et scientifique, c'est-à-dire que la science pure et la science appliquée s'y allient de la façon la plus heureuse et la plus productive.

Par de multiples expériences d'acclimatation et de croissance des divers Salmonides dans ses bassins d'essai, il détermine quelle est l'espèce de meilleur rendement pour chaque type d'eau, afin de la recommander ou de la propager de préférence dans les bassins, lacs ou rivières à exploiter ou à peupler et sans porter préjudice, bien entendu, au développement naturel de la Truite indigène. En même temps, il fait des essais de peuplement de lacs ou cours d'eau jusqu'ici dépourvus de Poissons, et on peut affirmer que la plupart de ces essais ont été couronnés de succès.

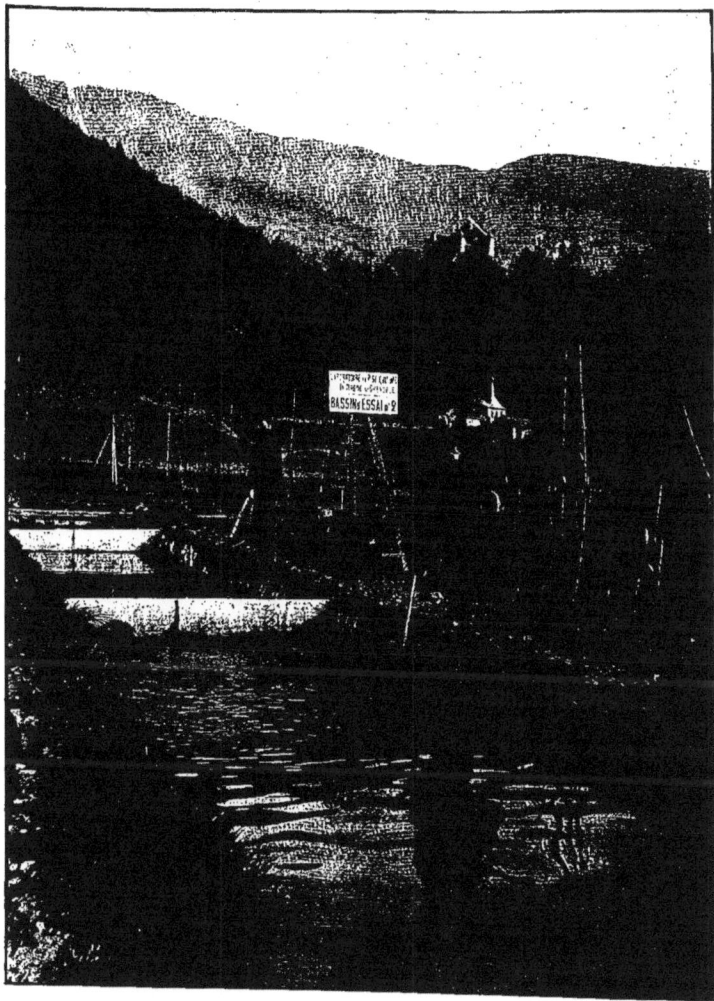

Fig. 4. — Bassin d'essai de Salmoniculture n° 2, à Uriage (Altitude 400ᵐ).

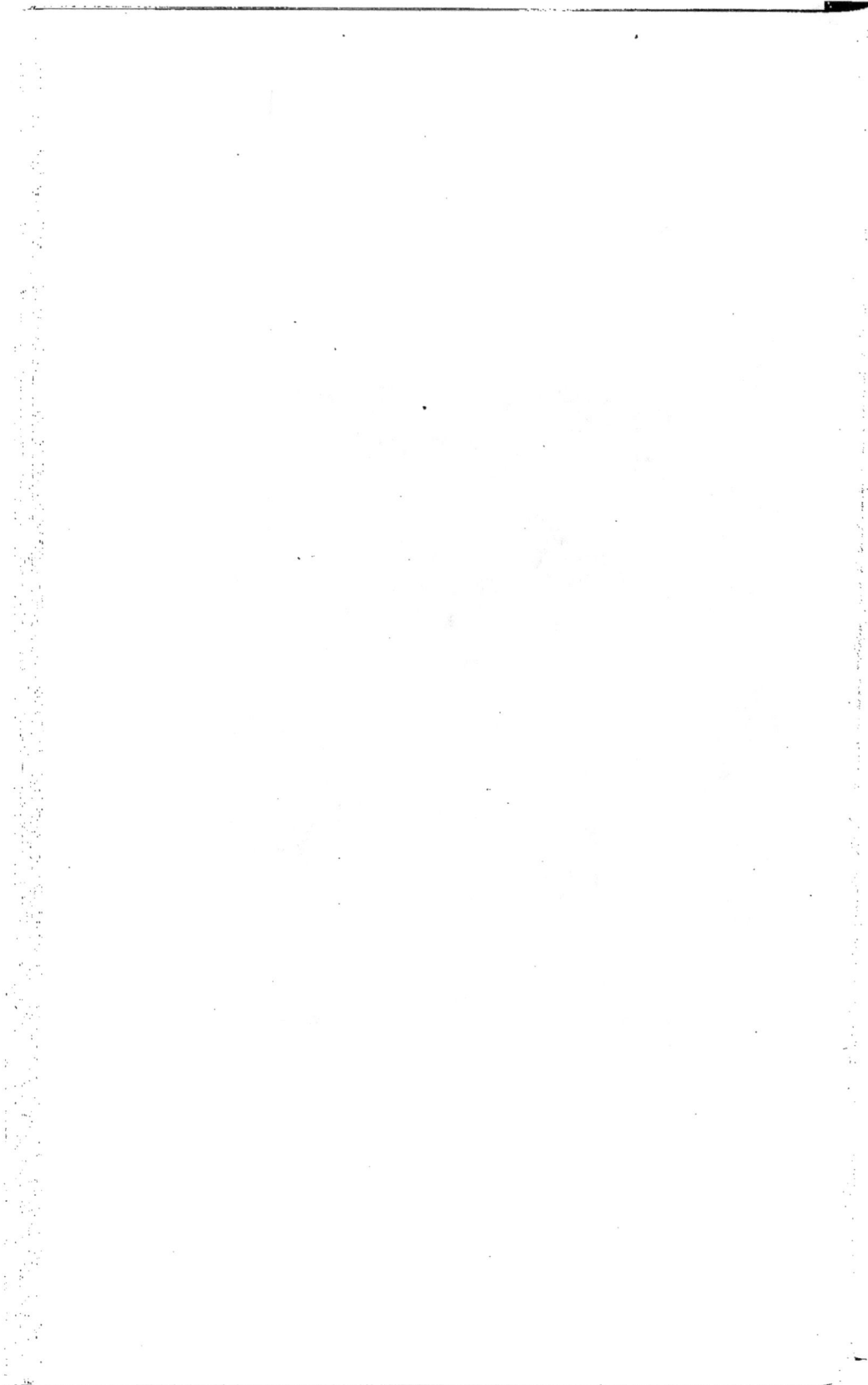

C'est ainsi que de nombreuses rivières froides de nos montagnes alpines hébergent aujourd'hui, avec la Truite indigène, le Saumon de fontaine qui, par l'excellence de sa chair et la facilité de sa pêche, fait la joie des pêcheurs et des gourmets, tandis qu'en divers cours d'eau de plaine, comme le Bas-Furon et la Basse-Romanche, on pêche maintenant la Truite arc-en-ciel. En outre de cet accroissement en espèces exotiques de fort rendement, ces cours d'eau sont, chaque année, largement pourvus de Truites indigènes par les soins de l'Administration forestière et des sociétés de pêche locales. A ce dernier point de vue, signalons ici les essais d'acclimatation dans les lacs de montagnes: Luitel (1.235 mètres), Doménon (2.400 mètres), Prémol (1.100 mètres), etc., dont plusieurs sont maintenant peuplés par le Saumon de fontaine, et le lac de Laffrey (911 mètres), où l'Omble chevalier est maintenant définitivement considéré comme acclimaté.

Tout en contribuant annuellement au repeuplement des eaux en Salmonides indigènes et exotiques par des déversements d'alevins de plus en plus importants, le laboratoire poursuit en même temps une série d'études méthodiques sur la valeur nutritive des divers cours d'eau de la région, dans les différents points de leurs parcours, de façon à déterminer aussi exactement que possible, pour chacun d'eux, leur capacité biogénique et en outre les zones de lancement, c'est-à-dire les points où les alevins trouveront le plus de nourriture et d'abris et, par conséquent, auront le plus de chances de prospérer. Le but essentiellement pratique de ces études est d'établir, pour chaque cours d'eau, un dossier consultatif indiquant, en rapport avec les territoires communaux, sa valeur nutritive au point de vue piscicole (capacité biogénique), les endroits les plus favorables au développement d'alevins, les espèces de Poissons qui y prospèrent et celles qui devront y être mises de préférence pour obtenir un maximum de rendement.

Le laboratoire donne gratuitement tous les renseignements et conseils nécessaires pour les installations piscicoles des particuliers ou des sociétés de pêche. Grâce à son action, de nombreux propriétaires ou fermiers, disposant de bassins ou de ruisseaux jusque-là sans valeur, se livrent aujourd'hui à la petite culture piscicole et constatent avec satisfaction et non sans surprise que la culture rationnelle des eaux est, toutes proportions gardées, souvent d'un rapport plus avantageux que celle de la terre. C'est sous sa direction scientifique qu'a été établie, par l'initiative et les soins de la

société de pêche « La Gaule », de Grenoble, la Station de Salmoniculture pratique de Vizille, qui produit annuellement 90.000 alevins
de Truites indigènes et constitue, par la modicité de son prix de
revient et la simplicité de son organisation et de son fonctionnement, une véritable station modèle.

En outre, des conférences sur la pisciculture pratique et le
repeuplement des eaux, s'adressant spécialement aux agents des
eaux et forêts et aux membres des sociétés piscicoles, sont faites
chaque année au laboratoire et en divers points de la région. A la
suite de cette propagande active, plusieurs sociétés de pêche et de
pisciculture, auxquelles le laboratoire prête tout son concours et
délivre des alevins, ont été fondées dans le département de l'Isère.

Le laboratoire poursuit une série d'études sur l'action nocive des
produits de déversements industriels dans les cours d'eau, lesquels
portent trop souvent de graves préjudices à notre économie piscicole. Plusieurs mémoires ont déjà été publiés à ce sujet.


## LES SOCIÉTÉS DE PÊCHEURS A LA LIGNE

Jamais on n'a ressenti au même degré qu'aujourd'hui la nécessité
de se grouper en sociétés, syndicats, amicales et autres associations
de toute tendance et de toute utilité ; jamais on n'a plus apprécié la
vie en plein air et les exercices physiques. De ces diverses causes
sont nées en plusieurs pays, et notamment en France, les Sociétés de
pêcheurs à la ligne. Constituées tout d'abord dans un simple but
d'agrément ou de sport, ces Sociétés n'ont pas tardé à se multiplier
considérablement et à se trouver en face de problèmes d'un haut
intérêt, à la solution desquels elles ont dû s'attacher. L'isolement
étant une cause de faiblesse, un grand nombre de Sociétés recon-
nurent bientôt le grand intérêt d'une action commune et vinrent
s'enrôler sous la bannière du *Syndicat central des Fédérations et
Associations des Sociétés de pêcheurs à la ligne, riverains et piscicul-
teurs de France.*

Fondée en 1897 par M. Ehret, placée actuellement sous la présidence très active de M. Ch. Fortin, ancien membre du Conseil
municipal de Paris, cette association est des plus prospères : elle
réunit en un faisceau puissant environ 400 sociétés locales, comptant environ 400.000 membres. Il ne s'agit plus, comme au début,

d'aller faire la dînette sur l'herbe, tout en trempant du fil dans l'eau ;
le but poursuivi est singulièrement plus élevé : il est digne de
l'effort considérable qui est dépensé en sa faveur ; il trouve tout à
la fois une récompense légitime et un encouragement du meilleur
augure dans les résultats obtenus jusqu'à ce jour. En attribuant un
Grand Prix au Syndicat central, le jury de la Classe 53 a voulu montrer combien il en appréciait l'œuvre utile et les efforts inlassables.

L'un des buts principaux que poursuit le Syndicat central est la
répression du braconnage, le châtiment effectif des récidivistes et la
confiscation de leurs engins de pêche. Des jugements fortement
motivés, rendus à sa demande, ont établi sur ces matières une juris-
prudence très précise, dont les bons effets se font déjà sentir.

Des gardes particuliers, entretenus par les Sociétés de pêche les
plus prospères, ont pu être assermentés ; ils constituent un corps
d'agents des plus utiles, analogue à celui qui existe déjà en Angleterre et en Allemagne. Comme le disait très justement M. Réau,
rapporteur du budget de l'agriculture en 1904, ils tendent à substi-
tuer progressivement une administration privée à l'administration
actuelle, relevant de l'État, qui verrait ses attributions se réduire à
un rôle de haute surveillance.

La pollution et le dépeuplement des rivières par les eaux rési-
duaires des usines sont également au premier plan des préoccupations du Syndicat central et des Sociétés affiliées ou encore
indépendantes. Là encore, de très importants résultats ont été acquis.
Grâce à la constitution d'une caisse de préservation, le Syndicat
central peut entreprendre ou soutenir des actions judiciaires et,
dans nombre de cas, des condamnations ont été prononcées. Il nous
apparaît donc comme un actif défenseur de l'hygiène publique.
Quant au repeuplement des rivières, il ne se livre pas lui-même à
des essais de pisciculture, mais encourage ceux d'un grand nombre
de Sociétés de pêche.

Parmi ces dernières, nous donnerons une mention spéciale à *la
Gaule*, Société de pêche et de pisciculture. Fondée à Grenoble, le
1er janvier 1902, elle peut être considérée comme une émanation
directe du Laboratoire de pisciculture de l'Université. Elle s'est
donné pour mission de repeupler en Salmonides les bassins de deux
magnifiques torrents alpins, la Romanche et le Drac, ainsi que les
lacs de montagnes situés dans la région. En raison du prix commercial très élevé des alevins, elle a créé à Vizille une station pratique de Salmoniculture. Cette station est installée auprès du célèbre

château ; les nombreux ruisseaux d'eau claire qui circulent dans l'immense parc de celui-ci lui fournissent en abondance, grâce à la libéralité des propriétaires, à raison d'environ 7000 litres à l'heure, une eau d'excellente qualité, dont la température moyenne est de 8°.

La station consiste en un simple chalet en planches, reposant sur un soubassement en maçonnerie. Cette construction suffit à abriter 45 auges en zinc, pouvant contenir chacun 2.000 œufs. Installation comprise, elle n'a pas coûté plus de 1.255 francs ; elle est capable de produire chaque année près de 100.000 alevins. En 1905, 93.000 œufs ont été mis en incubation, savoir :

| | |
|---|---:|
| Truite ordinaire *(Trutta furio)* | 65.000 |
| Truite arc-en-ciel *(Salmo irideus)* | 6.000 |
| Saumon de fontaine *(Salvelinus fontinalis)*. | 7.000 |
| Omble chevalier *(Salvelinus umbla)* | 15.000 |
| | 93.000 |

Les années suivantes, l'élevage a porté sur des chiffres équivalents. En tenant compte des décès, qui ne dépassent pas 10 pour cent, *la Gaule* se trouve donc chaque année à la tête de 80.000 alevins que, vers mai et juin, au moment du lancement, elle déverse dans les cours d'eau et lacs sus-énoncés. Les résultats ne se sont guère fait attendre, et les pêcheurs constatent déjà, avec une vive satisfaction, une notable augmentation des captures.

*La Gaule* a prospéré rapidement. Elle compte, outre son siège social, cinq sections dans les environs de Grenoble : à Vizille, Rioupéroux, le Bourg d'Oisans, les Saillants du Guâ et Moirans. Elle a plus de 700 membres, payant une cotisation minime de deux francs par an pour les hommes et un franc pour les femmes. Malgré ses ressources modiques, elle a un budget très suffisant, a tel point que la Station de Vizille a pu lancer, par exemple en 1905, un nombre d'alevins supérieur à celui que le service des eaux et forêts du département de l'Isère a mis à l'eau pendant la même année, malgré un budget notablement plus élevé.

L'exemple de *la Gaule* est très instructif. Il montre dans quelle importante mesure une modeste société, heureusement guidée par un établissement scientifique tel que le laboratoire du Professeur Léger, peut contribuer au repeuplement des eaux. Ces efforts combinés des pêcheurs et des biologistes peuvent se réaliser ailleurs et nous souhaitons vivement qu'ils se réalisent : l'avenir de nos pêcheries d'eau douce y est directement intéressé.

## INSTALLATIONS ET USTENSILES POUR LA PISCICULTURE

L'unique exposition que nous ayons à mentionner sous cette rubrique est celle de M. A. DAGRY, de Paris. Successeur de CARBONNIER, l'éminent pisciculteur auquel on doit l'introduction en Europe de plusieurs Poissons exotiques, M. DAGRY poursuit avec succès l'œuvre de son prédécesseur. Les récompenses qu'il a obtenues dans les diverses Expositions auxquelles il a pris part sont la juste consécration d'une carrière déjà longue, qui a été très profitable à la pisciculture pratique. Il obtient, cette fois, un Grand Prix.

M. DAGRY est bien connu pour ses nombreuses installations d'établissement piscicoles, en différentes régions, particulièrement pour l'élevage des Salmonides. Il expose deux grands dessins au lavis, qui démontrent méthodiquement toutes les phases de l'élevage, depuis l'incubation des œufs jusqu'à la vente des produits, sans omettre aucune des opérations multiples que réclame la pisciculture.

En particulier, le second tableau n'est pas une pure représentation théorique ; il donne le plan exact d'une remarquable installation qui était alors en cours d'exécution au domaine de Brécourt, près Labbeville (Seine-et-Oise). On y remarque de grands bassins d'engraissement, tous alimentés séparément et pouvant se vider d'eux-mêmes. Une grande pièce d'eau et un bras de rivière servent d'habitat aux reproducteurs qui, en liberté, donnent des œufs de meilleure qualité que ceux des reproducteurs emprisonnés dans des bassins.

Ces deux planches si instructives sont accompagnées de divers appareils dont la construction pratique nous a fort intéressé, mais que nous ne saurions décrire ici. Ce sont, entre autres, de nouveaux modèles d'incubateurs fixes, d'incubateurs flottants, de bidons pour le transport de Poissons vivants et servant spécialement pour les alevins de Truites expédiés en messagerie, des récipients pour le transport des œufs de Salmonides, de gracieux aquariums d'appartement, un appareil pour l'éclosion et l'élevage des Salmonides.

## III. — EAUX SALÉES

Par leur célèbre établissement de Wood's Hole, auquel nous avons consacré naguère une visite du plus haut intérêt, les zoologistes des Etats-Unis ont créé véritablement la pisciculture marine et ont porté très haut l'étude biologique des océans et de leurs habitants. L'exemple a été suivi en Hollande, en Écosse, en Norvège, en Danemark, dans le nord de l'Allemagne, ailleurs encore, mais n'a guère trouvé d'imitateurs dans notre pays. C'est avec un regret profond que nous constatons cette lamentable indifférence. Et pourtant, nous avons le précieux privilège de posséder une étendue considérable de côtes, baignées par trois mers dont la faune offre de très notables variations. Et pourtant, n'est-ce pas Coste qui fit, à Concarneau, les premiers essais scientifiques de pisciculture marine ? Depuis lors, ces tentatives n'ont pas été reprises d'une façon méthodique et le laboratoire de Concarneau, bien que continuant à figurer au budget, ne rend pas de services appréciables.

Ces études, dont la portée économique est littéralement incalculable, sont chez nous tellement laissées dans l'abandon que, sauf erreur, la France ne participe même pas aux travaux de la Commission Internationale d'océanographie qui poursuit avec le plus grand succès ses investigations, notamment sur les côtes de Norvège.

Les remarquables résultats acquis par cette Commission sont appelés à rendre de grands services aux pêcheries, en tant qu'ils élucident diverses questions relatives au plankton et aux courants marins.

La France est, de tous les pays du monde, celui qui compte le plus grand nombre de laboratoires de zoologie marine. En voici la liste, avec la date de fondation : Concarneau, fondé par Coste (1857) ; Arcachon (1857) ; Roscoff, fondé par H. DE LACAZE-DUTHIERS (1872) ; Wimereux, fondé par A. GIARD (1873) ; Luc-sur-Mer, fondé par la FACULTÉ DES SCIENCES DE CAEN (1874) ; Villefranche, fondé par J. BARROIS (1880) ; Banyuls-sur-Mer, fondé par H. DE LACAZE-DUTHIERS (1881) ; Cette, fondé par A. SABATIER (1881) ; Endoume, fondé par A. MARION (1888) ; le Portel, fondé par P. HALLEZ en

1888 et réorganisé en 1900 ; Tatihou, fondé par E. PERRIER (1892) ; Tamaris-sur-Mer, fondé par R. DUBOIS (1895). Au total, *douze stations maritimes* dépendant de l'État, sans compter la Station d'aquiculture de Boulogne-sur-Mer, le laboratoire maritime des Sables-d'Olonne, le laboratoire russe de Villefranche-sur-Mer et la Station dépendant de la Faculté des sciences d'Alger.

A la vérité, notre zone littorale est très étendue, mais le nombre de nos laboratoires maritimes est tout à fait hors de proportion avec leur production scientifique.

Bien inspiré sera le Ministre qui réduira, au moins de moitié, le nombre de ces laboratoires et organisera sur un modèle tout nouveau ceux qui seront maintenus, Deux sur la Manche, un sur l'Océan, deux sur la Méditerranée, en voilà plus qu'il n'en faut.

Au lieu de les laisser chacun sous la dépendance exclusive d'un seul et unique professeur d'Université, qui en autorise ou en interdit l'entrée, suivant sa fantaisie, et qui d'ailleurs les tient fermés chaque année pendant sept à huit mois, il faudrait en faire des établissements autonomes, très largement dotés, ouverts en permanence, dirigés chacun par un savant sédentaire, sans aucun lien avec les Universités (1).

Celles-ci désigneraient ceux de leurs élèves qui sont aptes à y travailler utilement, soit pour achever leur instruction scientifique, soit pour entreprendre des recherches personnelles ; la désignation par le doyen ou le recteur, sur la proposition du professeur compétent, serait nécessaire et suffisante pour assurer une place au laboratoire maritime, autant qu'il y aurait des places disponibles. Chaque laboratoire devrait comprendre des sections de zoologie, de botanique, de physiologie et de parasitologie ou pathologie expérimentale et comparée. J'ai la conviction qu'une telle organisation, d'une réalisation très facile, aurait une influence considérable sur les études de biologie marine et tournerait les jeunes naturalistes vers des recherches au plus haut point intéressantes, mais beaucoup trop négligées chez nous.

Dans les *Souvenirs d'un Naturaliste*, A. DE QUATREFAGES raconte d'une façon charmante les belles observations qu'il pouvait faire sur les Annélides marines, n'ayant pour toute installation qu'une cuvette et un bocal dans une chambre d'auberge. Le temps est loin

---

(1) La Station zoologique de Naples et la villa Thuret, à Antibes, nous offrent, à des degrés divers, le type de cette organisation.

où les zoologistes pouvaient se contenter d'un matériel aussi rudi-
mentaire ! Les recherches d'aujourd'hui exigent une instrumentation
aussi perfectionnée que coûteuse ; la moindre étude nécessite
l'emploi de réactifs aussi variés que dispendieux ; l'observation des
animaux, l'étude de leurs mœurs, de leur développement et de leurs
métamorphoses, ne peuvent plus se faire dans une simple cuvette
d'hôtel : elles rendent indispensable l'usage de vastes bacs ou
d'aquariums abondamment pourvus d'eau. En un mot, le perfectionnement des méthodes, la délicatesse des recherches à poursuivre
et la difficulté des problèmes à résoudre, toutes ces conditions nouvelles, résultant du grand progrès accompli par les sciences biologiques, ont eu un retentissement direct et profond sur les procédés
de l'investigation scientifique. Celle-ci ne saurait s'accommoder
désormais des installations rudimentaires dont nos devanciers
savaient se contenter : il lui faut, comme je l'ai déjà dit, les vastes
locaux, les riches bibliothèques, les précieuses collections, les abon-
dantes ressources, la haute direction scientifique, en un mot, cet
ensemble de bonnes conditions matérielles et intellectuelles dont, à
mon avis, devraient être largement pourvus les laboratoires maritimes, que je voudrais voir, en petit nombre, répartis le long de
notre littoral.

Ces laboratoires deviendraient, à n'en pas douter, d'actifs foyers
d'enseignement et de recherche. Ils devraient en outre, grâce à une
division rationnelle du travail et à une spécialisation d'une partie
de leur personnel dans les voies de la biologie économique, être le
siège d'études sur la pisciculture, l'ostréiculture, le régime des courants et du plankton et tant d'autres questions qui n'ont pas seulement un intérêt scientifique, mais auxquelles, dans une large
mesure, est lié l'accroissement de la fortune publique. L'exemple
des Professeurs L. ROULE et L. LÉGER montre quels résultats on est
en droit d'attendre des applications pratiques de la science pure.

Au surplus, l'exemple de la Commission américaine des Pêcheries montre plus éloquemment encore que ce ne sont pas là des
utopies et que la pisciculture marine, en prenant ce mot dans son
sens le plus compréhensif, mérite au plus haut point de fixer l'attention. Il est vraiment surprenant qu'on ne s'en soit pas préoccupé
davantage, du moins en France. La Sardine fuit nos côtes, le
Homard se fait rare, les délicats Pleuronectes sont eux-mêmes
moins abondants : sans parler de la crise lamentable que subit
l'industrie ostréicole, voilà quelques-unes des causes de la misère

qui sévit parmi nos populations maritimes et qui va chaque année en s'aggravant.

Or, le Conseil supérieur des pêches, l'inspection générale et le personnel placé sous ses ordres, quelles études ont-ils entreprises, quelles mesures ont-ils préconisées pour porter remède à ce déplorable état de choses? L'incurie dont ils font preuve est vraiment excessive. Ce n'est pas d'eux qu'il faut attendre le salut, mais bien de ces laboratoires de zoologie appliquée dont nous souhaitons la création dans chacune des trois ou quatre grandes stations de biologie marine. Une connaissance déjà ancienne de ces questions a fait naître dans notre esprit, depuis longtemps, la conviction que la réforme que nous venons d'exposer aurait les plus heureuses conséquences.

## SOCIÉTÉ D'OCÉANOGRAPHIE DU GOLFE DE GASCOGNE

En attendant que se réalise, dans les laboratoires de l'État, l'organisation dont nous venons de tracer les grandes lignes, un programme analogue a présidé à la constitution de la *Société d'Océanographie du golfe de Gascogne*.

Cette active association, que le jury a placée hors concours, compte déjà une dizaine d'années d'existence. Elle siège à Bordeaux et a pour but d'étudier, au point de vue scientifique et pratique, toutes les questions qui, de près ou de loin, touchent aux choses de la mer. Son programme comprend l'étude des eaux, de leur température, de leur densité, de leur salinité, de leur coloration, des courants de surface et de profondeur ; la constitution des cartes des profondeurs et des natures des fonds aux points de vue physique, chimique et biologique ; l'étude des animaux marins de tous ordres, depuis le plankton et les animaux inférieurs jusqu'aux Poissons et aux Mammifères les plus perfectionnés, dans leur vie, leur reproduction, leurs migrations.

Elle espère tirer de ces études des résultats pratiques, au point de vue de la science, de la navigation, de la prévision du temps, des pêches maritimes et de l'utilisation industrielle des produits de la mer.

Elle se met à la disposition des yachtmen adhérents à son œuvre pour leur indiquer les moyens d'organiser à peu de frais, à bord de leurs bateaux, de petits ateliers ou laboratoires d'océanographie et les moyens de capturer et de conserver les êtres étranges des grandes profondeurs.

Tout membre de la Société peut arborer un guidon spécial, à bord d'un bateau lui appartenant et sur lequel il travaille.

La Société organise des missions à la mer, en France et à l'étranger, avec le concours de tous ceux de ses membres qui veulent en assumer les frais. Elle publie les travaux de ses membres, sous forme de fascicules séparés ; elle distribue chaque année des récompenses à ses collaborateurs les plus dévoués.

Tel est l'intéressant programme que s'est tracé la Société d'Océanographie du golfe de Gascogne. Hâtons-nous de dire qu'elle le remplit d'une façon satisfaisante. Son capital parts de fondateurs atteint près de 40.000 francs et son budget annuel ne dépasse guère 5.000 francs ; avec ces ressources modestes, elle ne craint pas d'entreprendre l'étude des problèmes les plus délicats du régime des mers.

Le développement de la Société a été si rapide et son influence s'est bientôt fait sentir si activement en dehors de la région bordelaise, que deux sous-comités ont dû se constituer, l'un à Bayonne et l'autre à la Corogne. Il est très intéressant de noter, par ce fait, l'entrée du grand port de la Galice dans le courant scientifique et économique créé par la jeune et active association bordelaise ; les heureux résultats de cette entente se sont déjà manifestés à plusieurs reprises, tant par des visites réciproques que par une collaboration à des recherches de science pratique.

En effet, reprenant une célèbre expérience de S. A. le Prince Albert Ier de Monaco, sur la détermination du sens des courants marins, la Société a procédé au lancement d'un grand nombre de flotteurs le long d'un triangle ayant pour sommets Cordouan, Estaca de Varès et Penmarch. En outre d'une question de science pure, sans doute intéressante en soi, cette expérience avait un but plus directement utile, à savoir la connaissance des causes qui font varier la répartition du plankton et, par conséquent, influent sur les migrations de la Sardine. Une partie de ces flotteurs furent lancés le long de la côte d'Espagne, grâce au concours éclairé des membres du sous-comité de la Corogne. Un bon nombre ont été recueillis déjà en des points très divers, et les résultats qui découlent de ces trouvailles ont un grand intérêt au point de vue de l'industrie des pêches.

Il serait injuste d'omettre qu'une partie au moins de ce programme a pu être exécuté grâce à la générosité de M. Albert GLANDAZ, vice-président du Yacht-Club de France, qui a mis très libéralement son yacht *Andrée* à la disposition de la Commission chargée du lancement des flotteurs.

Sans prétendre à l'ampleur (100 tonneaux) et à la confortable installation d'un yacht magnifique, la Société dispose elle-même, pour les croisières d'étude, d'un canot à vapeur, le *Daniel Gueslier*, le premier de ce genre qui, en France, soit dû à l'initiative privée. De ce laboratoire flottant et mobile, sortiront sans nul doute d'importants travaux scientifiques.

Au surplus, la Société a déjà fait ses preuves dans ce sens. Elle publie, chaque année, sous forme de brochures indépendantes, un certain nombre de mémoires qui témoignent de son activité. Ceux que j'ai sous les yeux, en écrivant ces lignes, portent sur la constitution du sol sous-marin (Professeur J. THOULET), sur les courants marins des côtes poitevines (Edm. BOCQUIER), sur la météorologie (M. CHARROL, Ch. BÉNARD), sur le chalutage à vapeur et le dépeuplement des fonds sous-marins (Ch. BÉNARD), etc. Les questions les plus diverses y sont traitées par des personnes d'une grande compétence. La SOCIÉTÉ D'OCÉANOGRAPHIE DU GOLFE DE GASCOGNE apparaît donc comme un centre de grande activité scientifique, aux généreux efforts duquel on ne saurait trop applaudir.

# CONCLUSIONS

La culture et l'exploitation méthodiques des eaux ont été trop longtemps négligées en France, ou du moins sont restées trop longtemps sans acquérir une importance en rapport, d'une part avec l'abondance et la qualité de nos eaux douces ou salées, d'autre part avec leur haute valeur économique. Nos compatriotes se privaient ainsi, plus par ignorance que par négligence, d'une source très appréciable de richesses. Il est réconfortant de constater, comme cela ressort nettement de l'Exposition Franco-Britannique, que l'attention publique s'est enfin éveillée et qu'elle se porte sur ce domaine, encore insuffisamment mis en œuvre, de notre patrimoine national. Le bien-être général ne peut qu'y gagner et il nous a été agréable de rendre hommage, dans les pages qui précèdent, aux personnes et aux institutions dont la féconde initiative a été le promoteur de ce progrès.

La mise en valeur de nos eaux douces est actuellement en bonne voie. Elle est due en très grande partie à des efforts particuliers, mais il est juste de constater que le service des eaux, heureusement rattaché naguère à celui des forêts, se compose de fonctionnaires intelligents et actifs, dont l'action bienfaisante se fait sentir chaque jour davantage. De ce côté, l'avenir se présente sous d'heureux auspices.

Il importe maintenant que l'aquiculture marine, dans ses multiples subdivisions (pisciculture, ostréiculture, mytiliculture, élevage des Crustacés, pêcheries, fabrication des conserves, etc.) entre plus résolument que jamais dans la voie scientifique et tienne ses alléchantes promesses. L'initiative privée, celle des individus ou des

sociétés, peut et doit rester prépondérante ; mais il est nécessaire
que les questions ·de science pure, sans lesquelles il n'est point
d'application pratique, soient étudiées par des savants dégagés de
toute préoccupation économique ou financière et ces études désin-
téressées ne peuvent se poursuivre avec méthode que dans des laboratoires créés et entretenus par l'Etat. Nous estimons donc que
s'impose une réforme des laboratoires de biologie marine, dans
le sens que nous avons indiqué plus haut.

Dr Raphaël BLANCHARD,
*Professeur à la Faculté de Médecine de Paris,*
*Membre de l'Académie de Médecine.*

# Rapport industriel et commercial

## (CLASSE 53)

PAR

## M. GUSTAVE CAILL

# ADMISSION DES EXPOSANTS

Trois séances furent tenues pour assurer la participation du Groupe IX à l'Exposition Franco-Britannique : la première le 24 janvier 1908, les deux autres le 24 février et le 4 avril.

Ce Groupe est celui de la Pêche et de l'Aquiculture. Il comprend : Engins, Instruments et produits de la pêche, Aquiculture.

I. — Matériel flottant spécial à la pêche. Filets et engins ou instruments divers pour la pêche maritime. Filets, nasses, pièges et engins ou instruments divers pour la pêche fluviale.

II. — Aquiculture maritime : Poissons, Crustacés, Mollusques et Rayonnés. Aquiculture des eaux douces : établissements, matériel et procédés de la pisciculture ; échelles à Poissons ; hirudiniculture.

III. — Aquariums.

IV. — Collections et dessins de Poissons, de Cétacés, de Crustacés, de Mollusques, etc. : Perles, coquilles, nacre, corail, éponges, écailles de Tortues, Baleines, blanc de Baleine, ambre gris, huiles et graisses de Poissons.

*Le Président* du Groupe était le D<sup>r</sup> Leprince.
*Le Vice-Président*, M. J. Pérard.
*Le Secrétaire*, le D<sup>r</sup> Anthony.
*Le Trésorier*, M. Edm. Halphen.

Le Groupe IX B fut divisé en quatre sections :

*Section A. — Pêches maritimes.*

Président :      M. Trefeu.
Vice-Président : M. Honnorat.

*Section B. — Pêches en eaux douces.*

Président : M. Mersey.

*Section C. — Ostréiculture.*

Président : M. Marguery.

*Section D. — Produits de la pêche, Piscifacture, etc.*

Président :      M. Le Bail.
Vice-Président : M. Ligneau de Séreville.
Secrétaire :     M. Caill.
Membres :        MM. Blanchard (R.), Bouville (de Drouin de), Cou-
                 tant, Coutière, Dagry, Delage (Y.), Ch.
                 Delongle, Despréaux, Fabre-Domergue, For-
                 tin, Giard, Guerne (de), Juillerat, Léger,
                 Massenet, Odin (A.), Paisseau, Perrier (Ed.),
                 Porral, Ranowitz, Raveret-Wattel, Robil-
                 lard, Roule, Sépé, Thuillier-Buridard,
                 Wurtz (Dr).

La liste des Exposants admis à participer à l'Exposition fut
définitivement arrêtée à la dernière séance du Comité : elle comprenait 66 Exposants.

L'emplacement accordé pour le Groupe était de 228 mètres carrés,
sur lesquels le Ministère de la Marine avait dès le début retenu
100 mètres.

Des vitrines uniformes furent adoptées pour tous les exposants du
groupe, et les vitrines furent réparties suivant les besoins de chacun.

La Classe était traversée par l'une des grandes voies du Pavillon
qui l'abritait, et la circulation était assurée autour des vitrines
par des allées secondaires : l'installation avait été faite par les soins
du bureau du groupe.

Le gardiennage de la Classe, établi suivant le règlement de la
Section française, ne donna lieu à aucune observation.

Quelques Exposants ont groupé leurs envois dans les magasins de la Marine du quai de Billy obligeamment prêtés en cette circonstance ; d'autres exposants préférèrent expédier leurs caisses directement. Une assurance contractée par les soins du bureau du Groupe mettait ces marchandises à l'abri de tous les risques éventuels d'incendie, de vol, d'avarie, etc., depuis leur départ de Paris jusqu'à leur retour entre les mains des Exposants.

Chacun d'eux était assuré par une somme fixe par mètre de vitrine, aux frais de la Classe ; mais plusieurs maisons, par suite de la valeur des produits envoyés à Londres, contractèrent une assurance complémentaire aux conditions consenties à la classe.

Grâce à l'énergique impulsion du président du groupe, la section des Produits de la Pêche avait pris une importance beaucoup plus grande que dans les Expositions précédentes. Elle comprenait en effet les principaux représentants des diverses fabrications de filets de pêche à la main et à la machine, de la fabrication des baleines provenant des fanons des différents cétacés, et des imitations industrielles en corne, de l'industrie des perles fausses auxquelles les écailles de poissons donnent leur orient, de l'importation des perles, de la nacre, du corail, de l'écaille et de la fabrication de certains articles tirés de ces derniers produits, de la fabrication des articles de pêche, des appareils à conserver le poisson et des machines à faire les filets.

Les Exposants français étaient au nombre de 66, tandis que les Exposants anglais atteignaient seulement le chiffre de 19.

A Milan, nous avions 21 représentants, à Liége la Classe 53 avaient été réunie à la Classe 54 et n'avait eu que 4 Exposants.

En 1900 cette même Classe avait une centaine d'Exposants.

Du reste, la comparaison des budgets de Milan et de Londres montre bien l'importance prise par la Classe 53 à cette dernière Exposition.

Le budget des Recettes de Milan s'établissait comme suit :

Recettes des Exposants.......... 1.750 francs.
— Ministère de la Marine... 3.000 —
Total....... 4.750 —

A Londres :

Recettes des Exposants........... 25.388 fr. 70
— Ministère de la Marine... 7.000 fr. »
Total....... 32.388 fr. 70

# JURY

Le Jury fut ainsi composé :

*Président :*      MM. D<sup>r</sup> LEPRINCE (M.) (France.
*Vice-Président :*      Prof<sup>r</sup> DENDY (Grande-Bretagne).
*Secrétaires :*      CAILL (G.) (France) ; KNES (C.-A.-M) (Grande-Bretagne)
*Membres français :*      LIGNEAU DE SÉREVILLE, PAISSEAU (Eugène), RANOWITZ (Ch.-Alex.).
*Rapporteur technique :* Prof<sup>r</sup> Raphaël BLANCHARD.
*Rapporteur commercial :* CAILL (G.).

MM. TRÉFEU et PÉRARD précédemment nommés Jurés titulaires, ne se sont pas trouvés à Londres au moment des opérations du Jury.

Le Jury décerna aux Exposants français :

9 Grands Prix, 5 Diplômes d'Honneur.

11 Médailles d'Or, 13 Médailles d'Argent, 5 Médailles de Bronze, 2 Mentions honorables.

16 Exposants étaient mis hors concours comme membres du Jury ou par application de la convention.

Aux Exposants anglais, il décerna 2 Grands Prix, 3 Médailles d'Or, 2 Médailles d'Argent, 5 Médailles de Bronze, 3 Mentions Honorables.

2 Exposants furent mis Hors Concours.

# DÉCISIONS DU JURY

## GROUPE IX B

### CLASSE 53

## SECTION FRANÇAISE

### *Hors Concours (Membres du Jury)*

BLANCHARD (Prof R.).
LEPRINCE (Dr M.).
LIGNEAU DE SÉREVILLE.
PAISSEAU (Eugène).
RANOWITZ.
RAUX, CAILL ET Cie.
SOCIÉTÉ CENTRALE D'AQUICULTURE (le Dr M. LEPRINCE, Président de cette Société, était membre du Jury).

### *Hors Concours*

COMITÉ D'ÉTUDES POUR L'AMÉLIORATION DU SORT DES MARINS PÊCHEURS.
GIARD (Prof Alfred).
MINISTÈRE DU COMMERCE.

MINISTÈRE DE LA MARINE.
PÉRARD (J.).
PEREZ (Charles),
PERRIER (Edmond).
SOCIÉTÉ DE L'ENSEIGNEMENT DES PÊCHES,
ZANG (Charles).

## Grands Prix

1. DAGRY (Alphonse).
2. JOUBIN (Prof').
3. LABORATOIRE DE SAINT-WAAST LA HOUGUE.
4. LABORATOIRE DE ROSCOFF.
5. LÉGER (Louis).
6. OCHSÉ (Albert).
7. ROULE (Prof' Louis).
8. THUILLIER-BURIDARD.
9. SYNDICAT CENTRAL DES PÊCHEURS A LA LIGNE DE FRANCE.

## Diplômes d'Honneur

1. GOURNAY-HEDOUIN.
2. HALLEZ (Paul).
3. RAVERET-WATTEL.
4. ROBILLARD (Edmond).
5. SOCIÉTÉ NATIONALE D'ACCLIMATATION DE FRANCE.

## Médailles d'Or

1. DROUIN DE BOUVILLE (de).
2. ANTHONY (D').
3. CHANUDET (V).
4. COUTIÈRE (Prof' H.).
5. MAZOYER (Ingénieur en Chef des Ponts et Chaussées).
6. MACPHERSON ET BILLY.
7. NICOLAS (Eugène).
8. PELLEGRIN (D' J.).

9. PERDRIZET (Paul).
10. PORRAL (A. J.).
11. SÉPÉ (Georges).

## Médailles d'Argent

1. ADLER ET Cie.
2. ARTOZOUL (J. B.)
3. COMITÉ DE L'EXPÉDITION ARCTIQUE.
4. COZETTE (P.).
5. DELMAS FRÈRES.
6. GRANDIN (Louis).
7. HUGON (Ed.).
8. SOCIÉTÉ « LA GALLE » (Grenoble).
9. MURATET (Léon).
10. NICOLAS (Joseph-Francis).
11. RATHELOT (Félix).
11. ROUGIER.
13. SOCIÉTÉ D'OCÉANOGRAPHIE DU GOLFE DE GASCOGNE,

## Médailles de Bronze

1. LE BRAS.
2. POLIDOR.
3. RIVOAL (A. M.).
4. BOOMS.
5. DESPREAUX JEUNE ET FILS.

## Mentions Honorables

1. FOULON (Paul).
2. LARUELLE.

# SECTION BRITANNIQUE

## *Hors Concours*

A. — WESTERN AUSTRALIAN GOVERNMENT.

B. — { BURROUGHS, WELLCOME AND Cᵒ }     Renvoyés à
{ CAPTAIN FERGUSON (J. E.). }     un autre Jury
{ NEW ZEALAND GOVERNMENT. }

## *Grands Prix*

FARLOW (C.) AND Cᵒ, LTD.
HARDY BROTHERS, LTD.

## *Médailles d'Or*

THE MARINE BIOLOGICAL ASSOCIATION (Plymouth).
THE WHITSTABLE OYSTER Cᵒ.
OGDEN AND SCOTFORD.

## *Médailles d'Argent*

MUSEUM DESJARDINS.
THE « CHALLENGER » SOCIETY.

## *Médailles de Bronze*

MARKS AND Cᵒ.
DARUTY DE GRANPRÉ (A.).
CAPTAIN ARMSTRONG.

MARTIN (M^rs^ M. M.).
CAPTAIN BIDDLES.

## Mentions Honorables

D'EMEREZ DE CHARMOY.
HON. H. SOUCHON.
GRABHAM, LTD.

# COLLABORATEURS

| NOM DE LA MAISON | NOM DU COLLABORATEUR | RÉCOMPENSES |
|---|---|---|
| Artozoul. | Madame la Supérieure de l'Institut des aveugles à Saintes (Charente Inférieure). | Mention honorable. |
| Comité d'études pour l'amélioration du sort des Marins-Pêcheurs, 42, rue Saint-Jacques. | Cartier, Secrétaire du Comité. | Médaille d'argent. |
| Cozette (Paul), à Noyon (Oise). | Carette, Secrétaire général. | Mention honorable. |
| Dagry (Alphonse). | Dagry fils (Charles). | Médaille d'argent. |
| Grandin (Louis). | Chevrinais (Constant). | Mention honorable. |
| Prof' Joubin. | Guérin. | Médaille d'or. |
| Laboratoire maritime de St-Waast. | Liot (Ch.). | Médaille d'argent. |
| Laboratoire de Grenoble. | Giraud (Paul), à Lens (Isère). | Médaille d'argent. |
| | Amodru (Joseph), à Uriage (Isère). | — d'argent. |
| Leprince. | Leprince (Charles-Lucien-Maurice). | Médaille d'or. |
| | Paillet (M^lle Lucienne). | — d'or. |

5

| NOM DE LA MAISON | NOM DU COLLABORATEUR | RÉCOMPENSES |
|---|---|---|
| Ligneau de Séreville. | Leviel-Grille. | Médaille d'or. |
| | Fournier (Émile). | — d'argent. |
| | Regnier (Ambroise). | — de bronze. |
| Ministère de la Marine. | Fabre-Domergue. | Médaille d'or. |
| | Cligny. | — d'argent. |
| | Mark. | — de bronze. |
| | Cheutin. | — de bronze. |
| Paisseau (Eugène). | Paisseau (Emile). | Médaille d'argent. |
| | Charette (Anselme). | — d'argent. |
| | Chognion (Gilles). | — de bronze. |
| | Uccello (Émile). | — de bronze. |
| Porral. | Frécot. | Médaille de bronze. |
| Raux, Caill et Cie. | Relinger (Jacques). | Médaille d'or. |
| | Whitelaw (André). | — d'argent. |
| Ecole de pêche de l'ile Tudy (Rougier). | Bodet (Joseph). | Médaille de bronze. |
| | Kerest (Eugène). | — de bronze. |
| | Bourlaouen (Eugène). | Mention honorable. |
| | Le Gars (Germain). | — honorable. |
| Sépé (Musée scolaire des pêches a Bordeaux). | Sangerma (Jacques), brigadier des douanes au Porge (Gironde). | Médaille de bronze. |
| Société « L'Enseignement professionnel et technique des pêches maritimes ». | Foulon, à Nantes. | Médaille d'argent. |
| | Le Bour, à Audierne. | — de bronze. |
| Syndicat central des Associations de Pêcheurs a la ligne de France. | Rateau. | Médaille d'or. |
| Thuillier-Buridard (P.). | Brunel (Joseph). | Médaille d'or. |
| | Tschieret (Emile). | — d'argent. |
| | Warin (Charles). | — de bronze. |
| Blanchard (Profr R.). | Langeron (Dr Maurice). | Médaille d'or. |

# CONSIDÉRATIONS ET NOTES GÉNÉRALES

Dans la première partie de ce rapport, les questions intéressant la pêche (et particulièrement les travaux se rapportant à la pêche exposés dans la Classe 53) ont été examinées sous leur aspect scientifique par le Prof R. Blanchard. C'est grâce aux études patientes et méthodiques des savants et des ingénieurs, c'est grâce à leur science d'observation que peuvent se développer les perfectionnements de tous genres déjà réalisés, que l'on doit réaliser encore dans l'exploitation et le repeuplement des eaux marines comme des eaux douces, dans l'emploi du matériel et des engins de pêche.

Améliorer la situation matérielle du personnel des marins pêcheurs, assurer leur instruction technique, sont les conditions indispensables du progrès dans cette branche de notre activité nationale qui joue un si grand rôle dans l'alimentation publique et qui apporte son concours à bien des industries spécialement françaises.

La pêche doit obéir à la loi du Progrès : elle ne peut plus vivre sur des traditions plus ou moins surannées. Grâce aux admirables découvertes de la science, ne peut-on faire « de l'Océan une fabrique immense de vivres, un laboratoire de subsistance plus productif que la terre même ; fertiliser tout, mers, fleuves, rivières, étangs : après l'art de cultiver la terre est venu l'art de cultiver les eaux. »

L'âge de la « Mer stérile », comme la désignait Homère, est passé.

Mais si la science a enseigné des procédés propres à assurer la capture nombreuse du poisson ou la pêche des diverses richesses de la Mer, nacre, perles, etc., elle doit intervenir également pour éviter le pillage irraisonné et pour enseigner à réserver l'avenir ; elle peut intervenir également pour étendre la vente de ces produits, même lorsqu'il s'agit de poissons frais, au grand profit de l'hygiène générale : les prix n'en peuvent subir qu'une heureuse influence. Les marins pêcheurs en retireront la rémunération plus régulière de leurs peines, et les consommateurs devenus de plus en plus nombreux, n'auront plus à subir les fluctuations de cours que des tempêtes ou d'autres circonstances peuvent amener sur le marché.

Il est indiscutable que, dans cet ordre d'idées, toute recherche, toute expédition scientifique doit, par ses observations, amener tôt ou tard des résultats intéressants au point de vue purement pratique ; le commerce et l'industrie en bénéficieront et d'une façon souvent fort inattendue ou indirecte.

D'une découverte de laboratoire, de la remarque d'un explorateur peut résulter la connaissance précise des mœurs, des habitats, des migrations de telle espèce de poissons dont la présence ou l'absence jusqu'alors inexpliquée sur nos côtes, constituera la prospérité ou la ruine d'une région.

Dans le groupe de la Pêche est donc encore une fois démontrée la solidarité de la science, de l'industrie et du commerce.

Unis, la science et le commerce nous donnent pour la pêche et pour les industries qu'elle alimente, comme partout ailleurs, la salutaire et fortifiante impression, parce que réelle et obligatoire, d'une collaboration puissante et intime. Celle-ci tend systématiquement à l'amélioration continue du sort et de la vie des hommes, de ceux d'abord qui sont les artisans immédiats de la pêche proprement dite, puis de ceux qui, profitant plus ou moins directement de leur travail, concourent à améliorer l'existence matérielle des premiers ; en effet, des besoins se créent qui donnent une valeur aux produits de la mer, et assurent de mieux en mieux l'existence, puis, plus tard, le bien-être des pionniers de ce champ si vaste et souvent si peu connu.

Nous n'avons pas, dans la partie purement commerciale de ce rapport, à nous occuper des travaux de laboratoire ni de ceux des écoles de pêche, ou des études de pisciculture ; qu'il nous soit seulement permis de rendre hommage à tous ceux qui travaillent avec tant de savoir et tant de dévouement à reconstituer ou à étendre la somme de nos richesses poissonnières, dans les eaux marines ou dans les eaux douces, et qui s'efforcent aussi de préparer un personnel de techniciens et de marins ; ceux-ci acquerront les connaissances théoriques et pratiques qui permettront d'appliquer avec profit pour eux-mêmes d'abord, et pour la collectivité ensuite, les méthodes scientifiques nouvelles. Les premiers sillons sont tracés, la récolte abondante doit suivre.

Le mérite de l'organisation si intéressante du Groupe IX B revient au président, le D<sup>r</sup> LEPRINCE, qui sut réunir autour de lui dans le Comité d'organisation d'abord, puis dans le Comité d'admission les personnalités les plus capables d'assurer le succès de cette manifestation tant au point de vue scientifique qu'au point de vue industriel et commercial qui nous occupe particulièrement.

En effet, les efforts faits dans cette manifestation franco-anglaise de 1908, par la Classe 53, ont de beaucoup dépassé ceux des Expositions précédentes ; la preuve est ainsi donnée du rôle considérable que peuvent jouer dans les échanges internationaux toutes les industries de la pêche, et particulièrement dans nos échanges avec la Grande-Bretagne.

Du reste tout doit inciter l'Industrie et le Commerce français à se rapprocher aussi intimement que possible du marché anglais : celui-ci absorbe environ le cinquième de notre exportation totale. Il se trouve en outre que la France a des ressources naturelles et des aptitudes de race aussi dissemblables que possible de sa voisine ; sa production est pour ainsi dire complémentaire de la production britannique.

Cette règle presque générale est vérifiée pour les industries qui rentrent dans le Groupe de la pêche.

Le marché des matières premières reste souvent le monopole de l'Angleterre, et l'industrie qui emploie ces matières est presque exclusivement française.

Il est rare que nous entrions en concurrence avec les produits anglais manufacturés : les nôtres sont différents ; particulièrement soignés ils plaisent à la clientèle anglo-saxonne qui, pouvant les payer, les préfère presque toujours aux produits de la fabrication allemande.

Néanmoins, nos ventes en Angleterre peuvent et doivent encore être développées : comme puissance d'achat par tête d'habitant, la Grande-Bretagne, quoique notre cliente la plus importante, ne vient pour nous qu'au troisième rang, après la Belgique et la Suisse. Il est vrai d'ajouter que ce même calcul lui donne un coefficient à notre égard triple de celui de l'Allemagne qui la suit en quatrième rang.

La Belgique nous achète pour 123 francs par habitant, la Suisse pour 96 francs, l'Angleterre pour 32 francs et l'Allemagne pour 10 francs.

On sait que le régime douanier de l'Angleterre est très libéral : la plupart des marchandises entrent en franchise. Par suite, les douanes n'apportant aucune entrave à leurs achats, les maisons de la Cité, celles de Manchester, etc., entreposent souvent, dans leurs magasins, nos marchandises ; elles les réexportent dans leurs colonies et dans les nombreux pays qu'elles fournissent. Ces maisons remplacent donc, ou tout au moins sont susceptibles de remplacer en quelque sorte, les voyageurs et les représentants que notre timidité nous empêche trop souvent d'envoyer dans les contrées éloignées.

C'est aussi une des causes dont nous ne profitons pas assez de la préférence du marché anglais pour les produits français, lorsque leur prix leur permet de lutter contre le prix des produits concurrents : les voyageurs anglais savent qu'ils ont moins de chances de rencontrer les fabricants français sur leur chemin et, par conséquent, de trouver nos marchandises vendues directement par nous-mêmes à leurs propres clients. Ils ont, au contraire, fortement à lutter contre l'expansion commerciale allemande.

Il est certain que les Anglais conservent toutes leurs habitudes commerciales, et particulièrement leur système si compliqué de monnaies et de poids et mesures ; il est nécessaire que les commerçants et industriels français puissent y adapter non seulement leur comptabilité, mais aussi leur fabrication, et qu'ils y plient leurs habitudes : ce n'est qu'une première difficulté à vaincre ; les résultats, dans la suite, peuvent être très importants.

Les maisons françaises doivent aller au devant de la clientèle : elles doivent, non pas l'attendre, mais la rechercher à Londres et dans les grandes villes de province où l'on rencontre des maisons aussi importantes que celles de la Cité. Un représentant en Angleterre est très nécessaire, d'abord pour visiter la clientèle : souvent aussi les maisons anglaises, surtout celles de province, ne veulent faire de paiements qu'à une maison établie en Angleterre ; ces paiements se font toujours par chèque, d'où nécessité de bien choisir son représentant ; les acceptations de traites tirées du continent sont très rares.

Une grande partie de nos importations en Angleterre provient de notre industrie moyenne et petite : le marché anglais absorbe pour environ 80 millions de ces marchandises, dont beaucoup sont dues aux aptitudes propres des artisans français et sont représentées dans la Classe 53 : la nacre, la baleine et ses imitations, la perle fausse, etc., etc.

Les ouvriers anglais, qui ont leurs grandes qualités comme ouvriers d'usines, possèdent rarement l'habileté manuelle, l'ingéniosité et le goût de nos ouvriers parisiens ou de ceux de l'Oise et du Jura.

L'Allemagne qui copie nos articles et les produit à meilleur marché, vient souvent nous supplanter sur le marché anglais : mais elle ne doit pas son succès uniquement à la modicité de ses prix ; les Allemands sont souvent parvenus à imposer leurs produits grâce à leur initiative et grâce à une organisation commerciale supérieure.

Nos industriels, petits et moyens, auraient avantage à prendre exemple sur cette organisation. Ils devraient se grouper, se syndiquer pour envoyer des voyageurs, établir des représentants ; ceux-ci capables de faire connaître leurs produits, les guideraient également en leur indiquant les besoins du marché.

Il est regrettable que nos compatriotes soient en aussi petit nombre en Angleterre : les maisons françaises représentées dans ce pays comme dans beaucoup d'autres, le sont souvent par des Allemands bien moins disposés par éducation commerciale et amour-propre instinctif, à faire connaître et à pousser nos produits, à renseigner des maisons étrangères comme ils savent le faire pour leurs nationaux.

Ceux-ci, du reste, peuvent dans la suite et lorsqu'ils connaissent à fond la clientèle, les conditions de vente, etc., abandonner la maison qu'ils représentent, et guider une maison de leur pays à produire des imitations de l'article français : la clientèle à laquelle ils ont l'habitude de vendre et dont ils connaissent les goûts les suivra fatalement.

C'est en effet cette concurrence fort dangereuse que se sont créée les Anglais en introduisant dans leurs maisons, tous les *clerks* allemands : ceux-ci travaillaient à bon compte, mais ils ont appris à connaître les débouchés de l'Angleterre, ils ont su étudier sa clientèle, ont appris les langues, et rentrés dans leur pays, ils ont offert à cette clientèle et dans sa langue, en se pliant à ses habitudes, les marchandises qu'elle achetait, et que souvent les Anglais tiraient d'Allemagne ; ils se trouvaient donc placés dans les meilleures conditions pour réussir.

Il faut ajouter que, pour travailler activement en Angleterre et ailleurs, les commerçants allemands sont puissamment aidés et soutenus par leurs banques : nos industriels ne trouvent pas, dans notre organisation financière, les facilités qui ne sont pas ménagées aux maisons Allemandes. Le groupement en syndicat pourrait peut-être leur venir en aide.

Quelques cas de représentants à frais communs installés par des maisons françaises, mais trop rares, ont donné d'excellents résultats : celles-ci n'ont pas eu à regretter leur initiative, elles ont étendu leurs affaires d'une manière considérable : on ne saurait donc trop généraliser ces groupements : les Allemands en possèdent une infinité. En France, les esprits sont moins disposés à s'entendre, ils comprennent moins bien que *l'intérêt particulier se trouve toujours dans l'intérêt général*, et c'est pourtant dans notre pays où les industries moyennes et petites sont si répandues que l'union pour la vente au dehors est tout indiquée par la nature des choses.

Londres est pour bien des matières premières, le marché d'approvisionnement. Une des principales raisons de cette centralisation est la puissance des banques anglaises réparties sur tous les points du globe, qui effectuent leur retour d'argent par des marchandises dirigées sur la métropole.

Les affaires envoyées en consignation dans les docks se vendent par courtiers ; or, les courtiers, d'après les habitudes sinon les règles de leur association, ne vendent qu'à des maisons établies à Londres. Il est donc nécessaire, pour les maisons qui s'occupent de ces matières, d'avoir une maison ou au moins un représentant établi à Londres, afin de pouvoir donner leurs ordres d'achats, et d'éviter l'entremise toujours onéreuse d'une maison de commission anglaise.

Mais il serait plus facile d'échapper à ces conditions du marché de Londres et d'éviter les frais des intermédiaires anglais, si nos nationaux s'expatriaient davantage et se rendaient dans les pays d'origine de ces matières premières. Nous pouvons citer le fait suivant qui intéresse l'une des industries de notre classe : certaines nacres de belle qualité arrivaient autrefois directement en France : il s'est formé une compagnie Australo-Américaine, et celle-ci envoie les nacres soit en Amérique, soit en Angleterre où nos industriels sont obligés d'aller les rechercher.

Il est certain que si les matières premières étaient importées directement, notre industrie se trouverait placée dans des conditions plus avantageuses. Sur ce point encore, nous sommes en infériorité par rapport aux Allemands qui, non contents de faire concurrence aux Anglais comme vente, savent également comme achats, se rendre indépendants du marché Anglais : l'importance des ports de Hambourg et d'Anvers, provient en grande partie de leur initiative dans les affaires d'importation et *de leur connaissance approfondie de la géographie commerciale*, qui leur permet de trouver des frets de retour pour les navires chargés de produits d'exportation.

Il est juste d'ajouter que dans le Groupe IX B, plusieurs industries fournissent le marché anglais de leurs produits fabriqués et ont su s'en rendre indépendants pour l'importation de leurs matières premières. Ces industries sont d'ailleurs presque exclusivement françaises et n'ont rien à redouter de la concurrence anglaise.

La pêche maritime est pour la France d'une importance considérable comme le montrent les tableaux ci-après.

Non seulement elle est la pépinière de nos marins pour la flotte de guerre, mais au point de vue purement commercial elle est et doit être une source de richesses pour le pays : nos côtes ont une grande étendue sur différentes mers, nos efforts doivent tendre à développer de plus en plus cette partie de l'énergie nationale.

En traitant ci-dessous les produits divers de la pêche ou des industries qui s'y rattachent directement ou indirectement, nous n'avons suivi aucune classification administrative ou scientifique. Celle-ci n'eût point répondu ici à l'ordre d'idées tout commercial de notre travail. Nous avons donc groupé les matières comme il suit :

I. — Produit de la pêche en mer ou en eaux-douces destinés à l'alimentation, soit à l'état frais, soit après des préparations diverses (séchés, fumés, marinés, en conserves...).

II. — Produits de la pêche destinés à des usages industriels (perles, nacre, fanons, etc.).

III. — Engins divers utilisés pour la pêche (machines à fabriquer les filets, filets de pêche, lignes, hameçons, cannes à pêche...).

# PRODUITS DE LA PÊCHE
## en mer ou en eaux douces
## destinés à l'alimentation, soit à l'état frais
## soit après des préparations diverses

### A. — PÊCHE MARITIME

La nature même des choses a toujours indiqué et imposé la classification suivante : grande pêche, qui se fait dans les mers lointaines ; pêche en haute mer ou *hauturière* qui se pratique, soit dans les eaux territoriales mêmes, soit dans les mers voisines de la France et ouvertes aux bateaux de toutes nations ; pêche côtière, qui se fait à proximité du littoral ou sur le littoral (elle prend en ce dernier cas le nom de pêche à pied ou pêche à l'étang).

Nous n'entrerons pas dans les détails techniques pour chaque pêche spéciale : ceux-ci ont fait l'objet de travaux antérieurs et très complets ; nous nous en tiendrons autant que possible à l'examen de la situation commerciale.

### Grande Pêche.

Elle a pour objet unique la capture, le séchage et la salaison de la morue ; son importance est considérable : 11 à 12.000 pêcheurs montés sur des centaines de navires quittent, de février ou mars jusqu'à l'automne, nos ports flamands, bretons ou normands, pour aller exercer leur dur métier, soit sur les côtes de Terre-Neuve (où leur situation est assez difficile depuis l'accord du 8 avril 1904 qui nous a privés de nos installations dans l'ancien French-Shore), soit dans les mers d'Islande, au large des Féroé, des Orcades et des Shetlands, soit dans la partie septentrionale de la mer du Nord au Dogger Bank.

Si nous regardons aussi bien le tableau A que le tableau B, nous sommes forcé de constater que notre exportation totale de morue marque une fâcheuse décroissance depuis plusieurs années ; signalons néanmoins une légère amélioration en 1907 par rapport à 1906. Cela tient surtout à ce que l'Espagne et l'Italie, au lieu de s'adresser à nous comme jadis, tirent aujourd'hui directement de Terre-Neuve une forte part de leur approvisionnement.

Nos armateurs montrent, du reste, une louable initiative pour lutter de leur mieux, en améliorant leurs bateaux et leurs procédés de pêche ; c'est ainsi qu'en 1907 on a vu à Terre-Neuve 4 chalutiers à vapeur français et 44 dans les mers d'Islande.

L'Angleterre, en l'espèce, ne peut être pour nous — de par nos traditions séculaires pour la grande pêche, pouvons-nous dire — un fournisseur considérable, pas plus que nous ne saurions prétendre l'avoir pour gros client. Et c'est ce qui ressort d'un simple coup d'œil sur le tableau B.

Nos principaux clients sont l'Italie et l'Espagne, et, ensuite, la Grèce, l'Egypte, la Turquie, nos colonies de l'Afrique du Nord, de la Réunion, de la Guyane, de la Martinique et de la Guadeloupe.

## Pêche Hauturière.

Elle s'applique principalement à la pêche du hareng, du maquereau, de la sardine, du thon et aussi du merlan, de la sole et de certains crustacés. Les poissons reçoivent à bord même les soins nécessaires à leur conservation (glace ou sel), les bateaux ne pouvant rentrer chaque jour au port, car beaucoup vont à plus de 100 milles au large.

Sans parler des nombreux voiliers (lougres, dundees, sloops) qui sont affectés à la pêche hauturière, on y emploie un nombre de plus en plus grand de vapeurs, et ceux-ci sont de plus en plus puissants. En 1903, ils n'étaient que 169 ; en 1906, ils étaient 216, d'un tonnage total de 18.826 tonneaux ; les derniers chalutiers construits ont des machines de 500 et même 600 chevaux. Bien des voiliers d'ailleurs ont eux-mêmes des hâleurs à vapeur pour la manœuvre de leurs filets (filets dérivants, tessures, sennes, surpenots...).

Le hareng et le maquereau se prennent surtout dans la mer du Nord, dans la mer d'Islande et sur les côtes d'Écosse. Les marins de l'Île d'Yeu vont pêcher le thon jusqu'en face des côtes d'Espagne et de Portugal, les chalutiers d'Arcachon et même de Boulogne descendent jusque sur les côtes du Maroc et vont, au Nord, jusqu'aux Îles Sorlingues.

Le merlan se prend à la ligne, les autres gros poissons à la corde (certaines ont jusqu'à 15.000 mètres de long et coûtent 1.200 francs), soit dans la mer du Nord et la Manche, soit dans le golfe de Gascogne.

Nous parlerons de la sardine plus spécialement dans le paragraphe de la pêche côtière, où nous verrons repasser aussi du reste, mais plutôt en leur qualité de poissons frais, les harengs, maquereaux, soles, merlans, etc.

Par le tableau AB et par le tableau B, nous voyons immédiatement quelle est l'importance absolue et relative de la pêche du hareng d'abord, puis des autres poissons. Nos importations, tant de harengs frais que de harengs fumés, dans leur ensemble ou comparées à celles de l'Angleterre sont, on peut le dire, insignifiantes, mais nos exportations globales de ce même poisson sont très appréciables, tout en restant nulles ou à peu près en Angleterre, ce qui s'explique aisément.

Quant aux autres poissons (maquereaux, soles, merlans...) si nous en exportons, surtout à l'état frais, en Espagne (1.286.494 kilos en 1907), en Suisse et en Italie particulièrement, des quantités assez fortes, nous sommes par contre importateurs de quantités beaucoup plus importantes encore (en 1907, d'Espagne pour 1.706.696 kilos, de Belgique et des Pays-Bas pour 482.088 kilos). L'Angleterre ne nous vend que peu de poissons secs, salés ou fumés, mais elle nous a vendu pour 600.000 francs de poissons frais en 1907.

Nous voyons avec une réelle satisfaction que, pendant cette même année, l'Algérie et la Tunisie nous ont envoyé 1.221.811 kilos de divers poissons frais valant 1.832.717 francs.

## La Pêche Côtière.

La pêche côtière s'exerce dans un rayon de 3 à 5 milles au large. C'est celle qui emploie le plus de marins et d'embarcations ; c'est celle aussi, il faut le dire, qui a fait jusqu'à présent, le moins de progrès : nos pêcheurs se servent encore de bateaux et d'engins de modèles anciens et souvent peu pratiques ; leurs méthodes et leurs procédés sont restés empiriques et routiniers ; c'est certainement de ce côté que doivent se porter les efforts de tous ceux qui ont souci de l'amélioration du sort de nos populations maritimes et du développement si désirable de la consommation du poisson dans l'intérieur du pays.

Cette pêche se fait toute l'année et sur tous les points du littoral, avec des embarcations et des engins de tous genres et de tous types, variant non seulement selon la nature des poissons, mais aussi selon les habitudes locales traditionnelles. Elle a pour produits le hareng et le maquereau, le saumon, l'esturgeon, la sole, le turbot, la raie, la plie, le congre, la sardine, le sprat, l'anchois, les homards, langoustes et crabes, la crevette, les mollusques (huîtres, moules et autres coquillages, etc.). De ces produits, les uns (sole, turbot, raie, etc.) ne sont consommés qu'à l'état frais, au besoin après quelques heures de préservation pour qu'ils puissent supporter le transport par voie ferrée. Les autres (saumons, sardines, anchois, sprats, crustacés) fournissent une importante industrie de conserves à l'huile, fumées ou salées.

Le hareng frais (sans parler de celui recueilli en haute mer que l'on rapporte conservé dans le sel ou la glace) est pris de 3 à 6 milles au large, avec des filets dérivants ou des filets fixes, selon les dimensions des bateaux et l'éloignement du rivage. Cette pêche est pratiquée surtout par les marins de Dunkerque, Gravelines, Calais, Boulogne, Étaples, Saint-Valery-sur-Somme, Dieppe, Fécamp, Le Havre, Trouville, La Hougue et Cherbourg.

Le maquereau frais se trouve à peu près sur tous les points de notre littoral, de Dunkerque à Bayonne, ainsi qu'en Méditerranée, tandis que le hareng est capturé presque exclusivement dans la mer du Nord, le Pas-de-Calais et une partie de la Manche. La prise du maquereau se fait aux filets dérivants ou flottants, ou aux cordes. Le produit de cette pêche est considérable : de 1903 à 1905 elle a donné une moyenne annuelle de 5.571.500 kilos, d'une valeur de 3.391.750 francs.

La pêche de la sardine est plus importante encore ; pendant la même période, ses produits ont une valeur annuelle moyenne de 12.971.200 francs, tant dans l'Océan qu'en Méditerranée, y compris les côtes algériennes. Elle constitue la principale richesse des pêcheurs du Finistère (Camaret, Audierne, Quimper, Douarnenez, Concarneau) et donne lieu à des armements considérables auxquels participent également plusieurs ports du Morbihan (Lorient, Port-Louis, Groix, Quiberon), de la Loire-Inférieure (Le Croisic, La Turballe), de la Vendée (Ile d'Yeu, les Sables-d'Olonne), Arcachon, Cap-Breton, Biarritz, Saint-Jean-de-Luz, et les ports du littoral de la Méditerranée, de la Corse et de l'Algérie. La sardine se prend avec des filets tournants (sennes de différentes formes). Ceux-ci enserrent le poisson et ne nécessitent l'emploi d'aucun appât, rogue ou autre. Avec les autres, au contraire, on se sert d'appâts naturels ou artificiels, dont les plus usités sont la rogue de morue et celle de maquereau qui donnent lieu de ce chef à un important commerce comme l'indiquent les tableaux Aa et Ad.

Si l'on consomme la sardine fraîche en assez grandes quantités, c'est cependant à l'état de conserves qu'elle est surtout utilisée et l'on se rendra compte de l'importance de l'industrie qu'elle alimente si l'on songe que, dans la région de Concarneau-Douarnenez seule, il existe 142 usines de sardines qui, en 1906, avaient fabriqué 5.690.470 kilos de sardines à l'huile (31 usines à Concarneau, 26 à Douarnenez, 34 à Pont l'Abbé et Audierne).

Malheureusement, cette industrie est passée en Bretagne, depuis plusieurs années, par une crise très grave ; la sardine avait presque abandonné, sans que l'on en sache encore au juste les motifs, les côtes de ce côté ou bien elle s'était réfugiée à des profondeurs inaccessibles aux engins actuellement employés. Aussi la campagne de 1907 a-t-elle été désastreuse sur le territoire breton, avec une pénible répercussion sur l'activité des usines spéciales qui ont fabriqué, en 1907, seulement 1.845.252 kilos de sardines à l'huile, au lieu de 5.690.470 en 1906 (1).

Le tableau B traduit fâcheusement cette situation ; nos importations de sardines ont crû de façon considérable, au grand profit tout d'abord de l'Espagne et du Portugal qui nous en ont vendu,

(1) Depuis (en 1909) la sardine a été pêchée en trop grande quantité!.

en 1907, respectivement 5.905.409 kilos et 1.363.343 kilos, tandis que nos exportations marquent une baisse de plus de moitié par rapport à 1900. L'Angleterre, notre plus gros client après les États-Unis (auxquels nous avons fourni 1.215.227 kilos en 1907), a considérablement diminué ses achats, dans une proportion qui appelle l'attention.

L'Algérie — sur les côtes aux eaux tempérées de laquelle la sardine se plaît beaucoup — figure, il est vrai, honorablement parmi les pays important en France pour 655.694 kilos en 1907, d'une valeur de 786.833 francs, et l'on ne peut, en principe, que souhaiter de voir se développer, sur ce point, l'activité de notre grande et belle colonie.

Absente des côtes du Finistère depuis 1902, la sardine s'est montrée abondante vers le pays basque (quoique, en 1907, la pêche ait été aussi très mauvaise du côté de Saint-Jean-de-Luz), en Vendée (près des Sables-d'Olonne et des ports voisins) et sur le littoral des environs d'Arcachon. La campagne de 1907 a été très bonne pour les pêcheurs vendéens et gascons, qui utilisent les filets droits, et, comme appât, la rogue. Devant ce succès, ces derniers n'ont pas hésité à montrer une louable initiative et ils pêchent avec des canots automobiles (tilloles) de 2 à 3 tonneaux, coûtant de 3.500 à 4.000 francs ; ils vont chercher les bancs de sardines à une certaine distance en mer ; 60 de ces canots pétroliers s'adonnent déjà, dans le bassin d'Arcachon, à la pêche à la sardine. Un certain jour, un de ces canots rapporta 20.000 sardines vendues 45 francs le mille, soit 900 francs pour une journée. Si semblable succès n'est pas de tous les jours, il constitue cependant un exemple encourageant.

Préoccupés de la crise prolongée subie par nos pêcheurs bretons, réduits presque à la misère, et qui ont tendance à abandonner la terre natale pour aller offrir leurs bras à Brest, au Havre, à Saint-Nazaire, aux Sables, le Gouvernement et diverses Sociétés ou personnalités prennent des mesures sérieuses pour faire étudier, dans un sens pratique, la biologie, le régime et les migrations de la sardine, les courants, la température des eaux où se plaît ce poisson… Espérons que de cette communauté d'efforts résultera le retour d'une situation meilleure sur la côte bretonne.

A ce moment, on pourra utilement conseiller aux pêcheurs de se remettre à la préparation de la *Sardine pressée*, c'est-à-dire mise en saumure, puis rangée et serrée dans des tonnelets spéciaux. Ce procédé, si simple de conservation a été successivement abandonné en France depuis 1860, c'est-à-dire depuis l'application du procédé Appert. Mais il se consomme encore beaucoup de « sardine pressée » en Italie, à Buenos-Ayres et en France même, dans l'Orléanais, le Maine et à Paris. C'est l'Espagne qui est actuellement maîtresse de ce marché spécial. Il ne serait pas très difficile de lui enlever ce monopole, car le produit qu'elle exporte est de médiocre qualité et son prix, quoique assez bas, a sensiblement dépassé celui où se vendait jadis la bonne sardine pressée de France.

En attendant donc que, par l'association, nos marins bretons et vendéens puissent acquérir des usines modernes, ils devraient recommencer à préparer de la sardine pressée. D'abord cela régulariserait le marché en ne les obligeant point à rejeter à l'eau ou à céder à vil prix à l'usinier le surplus de leur pêche le jour où celle-ci est trop abondante. Ensuite, préparant en famille et à peu de frais, la sardine salée, ils pourraient la garder et l'écouler de décembre à mars, c'est-à-dire pendant la morte saison. Et la vente de leur sardine pressée les amènerait sans doute peu à peu à prendre le goût du commerce, puis à créer entre eux des sociétés coopératives pour la vente directe de toutes les espèces de poissons.

L'anchois — et le sprat, inférieur à l'anchois, — donnent ensemble, un rendement moyen annuel de plus de 4.000.000 kilos évalués à 1.290.000 francs.

L'anchois se trouve dans le golfe de Biscaye, et surtout dans la Méditerranée.

Le sprat ne se prend que sur quelques points du littoral, dans les eaux de Dunkerque, dans la baie de la Seine, dans celle de Douarnenez, à Auray et dans l'estuaire du Blavet (près Lorient). La sardine faisant défaut, il y aurait avantage à vulgariser et développer la consommation du sprat ; on le prépare aujourd'hui très soigneusement et avec des huiles excellentes, qui en font un bon produit. Mais pour aider cet article de notre production nationale, il faudrait lutter contre certaines contrefaçons étrangères d'anchois qui sont de simples sprats dont la sauce aromatisée fait à peu près tout le succès.

Le thon, qui se pêche surtout dans le Golfe de Gascogne (à la ligne) et dans la Méditerranée (avec des filets soit tournants, soit calés à poste fixe et dits « madraques »), donne un rendement annuel moyen de près de 5.000.000 de kilos, valant environ 3.000.000 de francs.

La pêche du saumon se fait presque exclusivement à l'embou-

chure des rivières; elle est surtout importante dans la Loire maritime, dans les parties basses de l'Adour, des Gaves près Bayonne.

Très importante est enfin, tant dans la Manche et l'Océan que
dans la Méditerranée, la pêche dite spécialement du poisson frais
(c'est-à-dire des espèces sédentaires qui sont vendues au consom-
mateur sans aucune préparation, raies, soles, limandes, turbots,
barbues, plies, congres, dorades, brèmes, Saint-Pierre, chiens de mer,
anguilles...). Qu'il suffise de noter qu'il est pêché annuellement de
30 à 35 millions de kilos de poisson frais, d'une valeur de 25 à
30 millions de francs. Nous avons malheureusement à constater
(Tableaux Ac, Ad et B) que nos exportations de poissons de mer,
tant frais que secs, restent très inférieures à nos importations.

Les crustacés (homards, langoustes, crevettes, crabes...) donnent
lieu à un commerce considérable soit à l'état frais, soit à l'état de
conserves. Pendant la période 1903-1905, le produit moyen annuel
de cette pêche a été :

Pour les homards et langoustes, de 2.192.670 kilos valant
4.741.890 francs.

Les crevettes rouges et grises, de 1.372.780 kilos valant
1.415.820 francs ;

Les autres crustacés (crabes...), de 981.250 kilos valant
700.680 francs.

Ces quantités sont cependant loin de suffire à notre consommation intérieure, au moins pour les homards et langoustes, puisque
nous avons dû en importer, en 1907, pour plus de 3.000.000 de
francs à l'état frais et pour près de 4.000.000 de francs en conserves ; ces chiffres étaient eux-mêmes supérieurs sensiblement à
ceux de 1900. Quant à nos exportations, si elles atteignent un total
d'environ 600.000 francs pour les homards frais — sans comparaison possible avec celui des importations correspondantes et, en
outre, en diminution de plus de 250.000 francs sur les exportations
de 1900 — elles sont à peu près insignifiantes et sans tendance
marquée à l'augmentation, pour ce qui a trait aux homards et langoustes préparés. Il y a évidemment là, tant pour nos pêcheurs eux-
mêmes que pour les industries de conserves, l'indication qu'un
effort est à faire pour diminuer le tribut que nous payons à l'étranger. Ce sont les Pays-Bas et la Belgique qui sont nos gros fournisseurs de homards et langoustes frais (932.935 kilos en 1907, sur un
total de 1.592.778 kilos), l'Angleterre ne nous en ayant envoyé que
103.444 kilos. Et, remarque assez curieuse, nous en exportions à

notre tour en Belgique pour plus de la moitié de ce que nous en recevons (279.680 kilos sur 301.270). Quant aux conserves de homards, nous en avons acheté au Canada 1.639.081 kilos sur 1.854.282 en tout, l'Angleterre ayant fourni presque tout le reste (199.179 kilos).

Les huîtres sont l'objet d'un commerce et d'une industrie spéciale (l'ostréiculture, élevage, parcage...) trop considérables et trop connus pour qu'il soit besoin d'y insister beaucoup ici. Ce mollusque présente cependant cette particularité, commercialement parlant, que son prix a été en augmentant au fur et à mesure que sa consommation s'est plus répandue. Aujourd'hui, grâce aux soins apportés à l'élevage, à d'habiles sélections bien opérées et bien surveillées, les huîtres ont acquis une telle finesse de chair et de goût que l'usage s'en est étendu à toutes les classes de la société. Le prix des espèces particulièrement estimées s'est accru par suite de la faveur du public, en raison également des frais appréciables qu'exige l'organisation des parcs, de plus en plus perfectionnés.

On appelle huîtres portugaises celles provenant directement du dragage des gisements huîtriers naturels, les huîtres parquées étant des huîtres plates.

Jadis, les huîtres les plus estimées provenaient des côtes de la Bretagne et de la Normandie, surtout du rocher de Cancale et de Granville. Aujourd'hui, on apprécie avant tout celles de Marennes et du Bassin d'Arcachon, puis ensuite celles dites d'Ostende. Mais il ne faut pas oublier que ces dernières proviennent en réalité de nos côtes de Bretagne et de Marennes : à Ostende, on ne fait que les parquer et en terminer l'élevage, la Belgique n'ayant plus de bancs naturels. L'Angleterre n'en a pas davantage, et on y fait surtout l'élevage des huîtres françaises. Nos principaux gisements sont : le Havre, Dives (près Caen), la Hougue, Granville, Cancale, Saint-Malo, Tréguier, Lannion, Brest, Lorient, Auray, Vannes, Noirmoutier, Oléron, Rochefort, Marennes, Agde, Cette.

En 1899, la valeur des huîtres vendues en France a été la suivante: Huîtres portugaises : 3.015.022 francs. Huîtres plates, 15.470.716 francs. Marennes représentant environ 6.000.000 de francs, Arcachon 3.000.000 de francs, Vannes 2.000.000 de francs et Auray 1.600.000 francs. Pendant la période 1903-1905, la moyenne annuelle de la valeur de la pêche des huîtres, parquées ou portugaises, n'a pas été loin de 20.000.000 de francs.

Le tableau B montre cependant, que, si pour les naissains, nous sommes seulement exportateurs (et uniquement en Angleterre pour

82.000 francs où on les parque, comme nous avons dit plus haut), nous sommes aussi importateurs pour les huîtres fraîches adultes, et de quantités qui ont tendance à augmenter. Sur 10.374 milliers d'huîtres importées en 1907 (au lieu de 2.796 en 1900), l'Angleterre nous en expédie 5.149 milliers, et la Belgique et les Pays-Bas réunis 5.192. L'engouement actuel pour les huîtres dites d'Ostende peut expliquer ce fait en partie. Nos exportations vont en diminuant de leur côté de près d'un tiers par rapport à 1900, et notre principal client, l'Angleterre, a diminué ses achats chez nous de plus de moitié. Ce pays reconstituant ses parcs avec les naissains qu'il se procure chez nous, le résultat est à peu près fatal : il se suffira bientôt à lui-même, et nous enverra peut-être de plus en plus de ses produits. A nous de nous défendre en perfectionnant toujours la qualité des nôtres et aussi en prenant toutes les mesures d'ordre intérieur (transports rapides et peu chers, tarifs d'octroi peu élevés) propres à favoriser la consommation de ces mollusques dans tous les pays et même dans les départements éloignés du littoral. Il est nécessaire que les pêcheurs et les éleveurs d'huîtres soient encouragés et trouvent un écoulement important et régulier, alors même que l'étranger arriverait peu à peu à abandonner leurs produits.

Les huîtres se consomment aussi marinées, mais cette industrie n'a qu'un champ limité. Le tableau B en témoigne : il indique aussi en l'espèce, la supériorité forcément petite de nos exportations sur nos importations.

Les autres mollusques (moules, coquillages divers...) donnent un produit total considérable, 4 à 5 millions de francs par an, dont nous exportons une petite partie (pour 70.000 francs environ) surtout en Espagne, et quelques milliers de kilos valant 3 à 4.000 francs en Angleterre. Mais les quantités pêchées sur notre littoral ne nous suffisent pas encore, puisque, en 1907, nous en avons importé pour près d'un million de francs (presque tout de Belgique et des Pays-Bas) sensiblement plus qu'en 1900, nos exportations, tout en augmentant elles-mêmes, ne suivant cependant pas la même progression.

A titre de curiosité — car les chiffres sont évidemment très minimes — nous avons noté le mouvement en entrées et sorties des tortues vivantes et mortes destinées à la consommation comme « viande ». Peu de gens se doutent qu'il y a sur cet article bien spécial des transactions commerciales même de ces faibles totaux.

Nous avons ainsi terminé l'examen successif et délimité des divers produits de la pêche maritime, destinés à la consommation alimentaire, soit à l'état frais, soit préparés à l'état sec, fumé, conservé, mariné.

Nous avons constaté aussi l'importance énorme de la pêche maritime tant au point de vue de l'alimentation générale de notre pays que de son commerce avec l'étranger et avec l'Angleterre en particulier, mais nous avons dû également reconnaître bien souvent que non seulement nos exportations n'étaient pas assez considérables, qu'elles étaient parfois même en décroissance, et que nous ne suffisions à nos besoins actuels que par des importations d'une valeur assez grande et avec tendance à augmenter (nous avons importé en 1907 pour près de 4 millions 500.000 francs de poisson frais).

En résumé, d'après le tableau Ad nous avons dû acheter à l'étranger pour 53 millions 500.000 francs de poissons de mer frais, secs, marinés, à l'huile, alors que nous n'en avons vendu (nos colonies comprises) que pour 29 millions de francs.

Or, d'autre part, il est de notoriété publique — la Société des Pêches maritimes a fait à ce propos une enquête extrêmement intéressante — que la consommation de poisson frais est très insuffisamment répandue dans l'intérieur du territoire de la France. C'est donc qu'il y a une sorte de zone côtière, qui absorbe à elle seule, ou du moins en y comprenant certaines grandes villes, et Paris, tout d'abord, où tout vient affluer, et les produits de la pêche de nos marins et ceux importés de l'étranger en plus.

Il est à désirer que, d'une part, la consommation du poisson, frais ou conservé, se répande de plus en plus dans toute la France, et que, d'autre part, ce surcroît de consommation soit fourni par nos marins pêcheurs et par nos industriels et non point importé par l'étranger.

Il faut donc chercher à augmenter le rendement utile du travail de nos marins pêcheurs et leur assurer l'écoulement facile de leurs pêches soit auprès des fabricants de conserves, soit auprès de la population de toutes les parties du territoire.

Si ces conditions étaient remplies, elles permettraient sans doute assez vite aux usiniers et aux marins pêcheurs, par suite des bénéfices qu'elles leur procureraient, de retourner la balance de nos échanges et de développer énergiquement leurs exportations.

Nous ne prétendons pas entrer ici dans le détail des moyens à employer pour arriver à ce résultat si désirable pour la prospérité collective.

Les uns sont avant tout du domaine de la science. Celle-ci doit étudier les mœurs, les habitats, les causes des migrations et parfois de la disparition prolongée de certaines espèces de poissons ; elle peut chercher à se rendre compte de l'influence des courants, de la température des eaux et de tant d'autres faits : de ces observations découleraient des applications pratiques. Cette partie de l'œuvre est entreprise depuis un certain temps, avec autant de compétence que de dévouement et de succès. L'océanographie, l'agriculture, la pisciculture et la piscifacture sont devenues des branches importantes de la « Science appliquée » et les nombreux laboratoires établis sur tout notre littoral réalisent, précisent ou perfectionnent sans cesse des découvertes aussi intéressantes théoriquement qu'immédiatement utiles.

Les autres moyens dépendent des pêcheurs eux-mêmes ; c'est à eux qu'il appartient de tirer profit, par une action et une initiative intelligentes, des travaux des savants, en apportant à leurs procédés de pêche, aux types de leurs embarcations, les améliorations dont la nécessité ressort de ces travaux mêmes.

Les écoles de pêche dont beaucoup sont pour ainsi dire partie intégrante des laboratoires de la côte, forment un nombre de plus en plus grand de jeunes marins pêcheurs : ceux-ci sont initiés à une pratique fondée sur les données de la science, mises à leur portée, et dont ils ont les éléments mêmes sous les yeux. Ces jeunes gens ont ainsi et conserveront l'esprit ouvert au progrès raisonné et méthodique ; ils auront l'idée de pêcher avec des embarcations, des engins et des appâts appropriés à l'espèce de poisson visée, en allant chercher ce poisson à la distance et là où il y a présomption « scientifique » de le trouver, en l'y trouvant sans avoir à compter uniquement — comme cela s'est vu plus d'une année en tels points de nos côtes — sur la présence ou l'absence des marsouins pour indiquer s'il y avait ou non de la sardine et s'il convenait dès lors ou non de se déranger !

Nous avons vu précisément plus haut combien se sont répandus déjà les canots automobiles à pétrole parmi les pêcheurs du bassin d'Arcachon, ceux-ci vont maintenant « au devant de la sardine » à plusieurs milles, au lieu de l'attendre près du rivage. De même s'étend l'usage, dans nos ports de quelque importance, des chalutiers à vapeur et, à leur défaut, des bateaux à voile ayant des cabestans à vapeur pour la relève des filets ; on utilise aussi des remorqueurs à vapeur qui conduisent les voiliers sur le lieu de pêche et

leur font gagner un temps précieux, ainsi que des « chasseurs »,
c'est-à-dire des petits bateaux très vites qui recueillent le poisson
pêché sur les chalutiers et le portent tout de suite au port ; de cette
façon, le poisson peut profiter des trains rapides et arriver en bon
état sur les marchés plus ou moins éloignés.

Les modèles de filets se perfectionnent aussi.

Beaucoup d'autres mesures d'ensemble et de détail ont déjà été
prises, beaucoup sont à prendre encore pour donner à notre grande
industrie de la pêche l'essor dont elle est susceptible.

Pour la grande pêche, la loi du 17 avril 1904, les règlements
d'administration publique des 20 et 21 septembre 1908 sur la sécu-
rité de la navigation et la réglementation du travail à bord des
navires de commerce et de pêche, — la loi du 29 décembre 1900 et
le décret du 13 janvier 1908 fixant les mesures d'hygiène et de sécu-
rité exigées à bord des bateaux armés pour la grande pêche
comme conditions aux primes d'armement instituées par la loi du
23 juillet 1851, — le décret du 17 juillet 1908 relatif au commande-
ment des navires, permettent d'escompter une amélioration rapide
dans l'installation matérielle des bâtiments morutiers comme dans
la situation physique et morale faite jusqu'à présent à leurs équi-
pages.

Bien des précautions sont à prendre, particulièrement aux périodes
defrai, afin de réserver l'avenir. Bien des mesures, non vexatoires,
mais raisonnables, sont nécessaires pour éviter le dépeuplement des
fonds d'une part, et d'autre part pour protéger les animaux reproducteurs et les alevins qui sont encore présents dans ces eaux, ou
qui y sont replacés par des moyens artificiels, œuvre de nos laboratoires et de nos établissements agricoles, en particulier de ceux de
Concarneau, Saint-Waast, Trinité-sur-Mer...

Tout progrès en appelle un autre, et l'idée du groupement est
venue aux pêcheurs. L'armement et l'entretien de bateaux de pêche à
vapeur ou à voiles munis de vapeurs auxiliaires exigent d'importants capitaux.

Mais nos pêcheurs se préoccupent déjà d'acquérir pour leur
compte les embarcations et les engins que réclame maintenant la
pêche en haute mer et même la pêche côtière ; en s'associant, ils
obtiennent des tiers des avances à des conditions raisonnables.

Le Gouvernement a favorisé ce mouvement et l'institution du
Crédit maritime, créée en principe par la loi du 23 avril 1906,
recevra une vigoureuse et utile impulsion, pour l'avantage de nos

populations côtières, par l'établissement des caisses régionales de crédit maritime mutuel, dont le projet de loi a été voté par la Chambre des Députés le 10 juillet 1908.

Il est important que des mesures spéciales assurent aux produits de la pêche, un marché sûr, régulier et le plus étendu possible. Les marchés étrangers peuvent nous échapper et la concurrence est d'autant plus difficile que nos clients sont en progrès constants également. L'Angleterre, entre tous, nous a devancés dans le perfectionnement des engins et des méthodes de pêche : mais le marché national offre encore des ressources considérables à la vente du poisson. On a calculé, en effet, que Nice, par exemple consomme 32 kilos de poisson par an et par habitant, le Havre 21 kg. 500, tandis que dans des villes peu éloignées du littoral, comme Roubaix et Pau, la consommation annuelle de 5 kilos par habitant est considérée comme très honorable. Lille, en effet, n'en consomme que 4 kilos, Nîmes, 2 kg. 500. La consommation devient insignifiante et presque nulle pour les villes de l'intérieur et dans beaucoup même, le poisson de mer est considéré comme un objet de luxe.

Il y a donc, de ce côté, beaucoup, sinon tout à faire : et surtout améliorer les moyens de communication au point de vue des délais de livraison, du matériel et des tarifs.

L'alimentation publique, tout en aidant à la prospérité de nos populations maritimes, gagnerait tellement à une consommation convenable et régulière du poisson qu'il est d'un intérêt de premier ordre de s'efforcer de vaincre les difficultés en même temps que de lutter contre l'indifférence.

## B. — PÊCHE EN EAU DOUCE

Elle se pratique à la fois dans les fleuves et rivières et dans les lacs et étangs. Mais, malgré les 275.000 kilomètres de développement total de ses cours d'eau, dont 17.000 sont navigables ou flottables, la France est loin d'en tirer encore tout le profit que lui assurerait une organisation et une exploitation méthodiques, une surveillance bien suivie et convenablement sanctionnée à chaque infraction. Hâtons-nous de constater qu'il a été beaucoup fait, en ces dernières années. Un simple coup d'œil sur les tableaux A et B montre combien là aussi nous sommes encore tributaires de l'étranger ; en effet, nous avons exporté en tout pour 360.000 francs environ de poissons en 1907 (rien en Angleterre) et ce chiffre indique une tendance à l'augmentation (car nous avions exporté 220.000 francs seulement en 1900, dont 11.000 francs environ en Angleterre). En revanche, nous importons pour une valeur presque constante (4.480.000 francs à peu près) de Salmonides, dont presque la moitié d'Angleterre, et pour une valeur allant plutôt croissante (1.350.000 en 1900, 1.568.000 en 1907) d'autres espèces : dans cette dernière importation les Pays-Bas et l'Allemagne sont nos gros fournisseurs, les premiers pour 775.000 francs, la seconde pour 395.000 francs.

Nous avons donc ici, tout comme pour les produits de la pêche maritime, à reconquérir notre propre marché intérieur, en le développant toujours davantage.

Les bords des rivières navigables ou flottables font partie en principe du domaine public, et l'Etat y afferme généralement le droit de pêche à des particuliers, pour des prix variant de 0 fr. 60 le kilomètre (minimum) à 450 francs (maximum) avec 40 francs comme prix moyen.

Le lac du Bourget, pour 4.200 hectares, n'est loué que 5.000 francs, celui d'Annecy que 180 francs pour 2.700 hectares, alors que le lac Leven (Ecosse) rapporte 75.000 francs pour 1.400 hectares.

La surveillance sur les parties canalisées (environ 8.500 kilomètres) appartient au Ministère des Travaux Publics, celle des cours d'eau non navigables au Ministère de l'Agriculture, service des Forêts. L'Inspection générale de l'enseignement de la Pisciculture, créée depuis quelques années au même ministère s'occupe surtout, et la tâche est aussi importante qu'intéressante, de favoriser le repeuplement de ces fleuves et rivières, en créant des laboratoires de pisciculture et d'aquiculture : l'on y étudie l'hydrobiologie des cours d'eau, en particulier de ceux des montagnes, et l'on y fait des essais d'acclimatation de Salmonides exotiques, des recherches sur les maladies des poissons, etc.

L'initiative privée a largement appuyé et complété l'œuvre des Pouvoirs publics. Il existe en France plus de 600 sociétés de pêcheurs à la ligne, ayant un puissant Syndicat central qui veille

non seulement à l'étude et à la vulgarisation des questions relatives au repeuplement des cours d'eau, mais encore à l'assainisse-
ment des rivières où il y a des usines, à l'entretien des barrages
et des « échelles » à poissons, et à la répression du braconnage, le
plus grand mal peut-être qui menaçait la fécondité de notre
domaine, aquatique.

En outre de ce « SYNDICAT CENTRAL DE PÊCHEURS A LA LIGNE », il
faut citer la SOCIÉTÉ CENTRALE D'AQUICULTURE ET DE PÊCHE : celle-ci ne
fait pas par elle-même du repeuplement et n'a pas de laboratoires
de pisciculture, mais elle sert de lien aux diverses sociétés scientifiques et pratiques qui s'occupent d'Aquiculture.

Actuellement, en plus des 8.000 gardes spéciaux et préposés
forestiers qui collaborent avec les agents de la navigation à la
surveillance, au nom de l'État, les Sociétés de Pêche emploient
pour leur compte près de 700 gardes assermentés ; elles entre-
tiennent 70 établissements de pisciculture, et dépensent par an, à
titres divers, près de 800.000 francs.

Le succès semble donc assuré et nous pouvons espérer bientôt
voir le marché de Paris, par exemple, alimenté en poisson frais
d'eau douce par les produits de nos propres rivières et non plus
par l'importation étrangère.

Du développement ainsi pris par la pêche en eau douce a profité
naturellement une industrie intéressante et bien française, celle de
la fabrication des engins de pêche. Si nous sommes encore et reste-
rons peut-être tributaires de l'Angleterre pour les hameçons, fabriqués depuis des siècles dans la région de Sheffield, par des industriels et des ouvriers qui se succèdent de père en fils et trouvent
dans la qualité des eaux locales, des conditions presque uniques
« de trempe », nous avons une industrie d'articles de pêche déjà fort
importante, représentant rien que pour Paris, un chiffre d'affaires
annuel de plus de 3 millions de francs. Notre exportation s'accroît
sans cesse, nous avons en particulier la prépondérance pour les
cannes à pêche, notamment en Belgique, en Allemagne, en Russie,
dans les deux Amériques même, et nos 380.000 pêcheurs fluviaux
en France représentent déjà un important marché. Tant il est vrai
que le développement d'une certaine branche d'activité économique a sur beaucoup d'autres — et parfois sur de plus lointaines
en apparence — les plus heureuses influences.

## C. — PÊCHE AUX COLONIES

Bien que le Ministère des Colonies, pas plus que celui de l'Agriculture du reste, n'ait exposé à Londres en 1908, il ne nous est pas possible de paraître ignorer nos Colonies et de n'en pas dire un mot, ne serait-ce que pour justifier notre regret de leur absence.

En 1907, donc, l'Algérie et la Tunisie ont envoyé en France 1.221.811 kilos de divers poissons frais valant 1.833.000 francs, soit le quart des importations totales.

L'Algérie, la Tunisie, la Martinique, la Guadeloupe, la Guyane et la Réunion sont de gros consommateurs de morues ; nous leur en avons vendu à peu près 4.000.000 de kilos valant 3 millions de francs, soit exactement le tiers de nos exportations totales.

L'Algérie nous a envoyé 1.110.000 kilos de divers poissons secs, salés ou fumés, tandis que nous en recevions encore de l'étranger 2.650.000 kilos et nous avons revendu à l'Algérie elle-même 350.000 kilos, et à nos diverses autres colonies, mais surtout à la Martinique, la Guadeloupe et la Réunion, 500.000 kilos de ces mêmes poissons ainsi préparés, le tout valant 390.000 francs, soit sensiblement plus de la moitié de l'ensemble de nos exportations en ce genre.

L'Algérie nous a vendu 655.000 kilos de sardines à l'huile ou conservées, soit pour 800.000 francs environ, mais nous lui en avons fourni 102.000 kilos (235.000 francs) et en même temps 210.000 kilos (480.000 francs) à nos autres colonies, pour 710.000 francs au total, ce qui est le douzième environ de notre chiffre global d'exportations (9.970.000 francs). Quant aux autres poissons conservés, marinés..., l'Algérie nous en a envoyé une quantité minime (680.000 kilos, 142.000 francs contre 1.225.000 kilos, 2.570.000 francs achetés à l'étranger), mais nous lui en avons cédé 204.000 kilos et 170.000 kilos à la Guyane, au Congo, à l'Indo-Chine, soit 790.000 francs, ou plus du cinquième des exportations.

L'Algérie nous prend pour environ 150.000 francs d'huîtres fraîches, somme qui peut certainement s'augmenter encore et qui, en tout cas, est relativement appréciable ; elle dépasse le cinquième de notre vente totale (680.000 francs), et si cette colonie ne nous achète que pour 3.000 francs de homards frais, elle nous achète 40.000 francs de homards conservés, soit dix fois autant que nous arrivons à en placer au dehors (4.000 francs) et pour plus de 20.000 francs de moules et autres coquillages, c'est-à-dire pas beaucoup moins de la moitié de ce que nous envoyons ailleurs (50.000 francs). Et elle est, disons-le en passant, notre presque unique fournisseur de tortues vivantes (10.000 francs).

De ce rapide aperçu, ne ressort-il pas que, sur le domaine de la pêche, l'Algérie et nos autres colonies et pays de protectorat sont plutôt nos clients que nos fournisseurs.

Il est à souhaiter que l'Indo-Chine parvienne à tirer un meilleur parti de son merveilleux système de fleuves, de rivières et de rizières si riches en poissons excellents et faciles à conserver, et que nos colonies de l'Afrique occidentale réussissent à organiser et développer les pêcheries déjà « amorcées », en particulier au Banc d'Arguin, à la Baie du Lévrier, à Port-Etienne ; ces dernières sont scientifiquement et méthodiquement conduites, et les premiers résultats autorisent de sérieux espoirs.

## Renseignements généraux et comparatifs pour certains principaux articles.

A

### a) Pêche de la morue.

TABLEAU COMPARATIF DE L'ANNÉE 1907 AVEC LA PÉRIODE QUINQUENNALE 1902-1906

| | ARMEMENT | | | IMPORTATION DE ROGUES | | EXPORTATION DE MORUES | | | |
| | NOMBRE DE NAVIRES | NOMBRE D'HOMMES | MONTANT DES PRIMES | QUANTITÉS | MONTANT DES PRIMES | DES LIEUX DE PÊCHE | DES PORTS DE FRANCE | TOTAL | TOTAL DES PRIMES |
|---|---|---|---|---|---|---|---|---|---|
| | | | francs | kilos | francs | kilos | kilos | kilos | francs |
| Période de 1902-1906 (moyenne) | 985 | 14.072 | 617.433 | 687.467 | 137.493 | 1.411.644 | 16.383.395 | 17.795.039 | 2.870.800 |
| Année 1907 | 876 | 13.539 | 589.965 | 619.549 | 123.910 | 619.444 | 13.029.712 | 13.649.156 | 2.174.107 |

### b) Pêche du hareng

MÊME TABLEAU DE COMPARAISON

| | PÊCHE AVEC SALAISON A BORD | | PÊCHE DU HARENG FRAIS | | QUANTITÉS DE POISSONS PÊCHÉS ET RAPPORTÉS | | |
| | NOMBRE DE NAVIRES | NOMBRE D'HOMMES | NOMBRE DE NAVIRES | NOMBRE D'HOMMES | SALÉS | FRAIS | TOTAL |
|---|---|---|---|---|---|---|---|
| | | | | | kilos | kilos | kilos |
| Période de 1902-1906 (moyenne) | 143 | 2.943 | 425 | 4.632 | 27.492.200 | 27.163.900 | 54.636.100 |
| Année 1907 | 152 | 3.243 | 392 | 4.829 | 31.530.000 | 42.620.600 | 74.150.600 |

*c)* **Comparaison, pour la période 1902–1906 (moyenne) et l'année 1907, des transactions, importations et exportations, sur les principaux articles, en valeur.**

| | IMPORTATIONS | | | EXPORTATIONS | |
|---|---|---|---|---|---|
| | MOYENNE 1902-1906 | 1907 | DROITS D'ENTRÉE PAYÉS | MOYENNE 1902-1906 | 1907 |
| | francs | francs | francs | francs | francs |
| Poissons de mer, frais, secs, salés ou conservés | 44.660.000 | 59.500.000 | 4.100.000 | 37.420.000 | 29.400.000 |
| Éponges brutes ou préparées. . . . . . . . . . . | » | » | » | » | » |
| Nacres de perle. . . . . . . . . . . . . . . . . | 18.940.000 | 18.300.000 | » | » | » |
| Perles fines. . . . . . . . . . . . . . . . . . . | » | » | » | » | » |
| Fanons de baleine, bruts. . . . . . . . . . . . | 10.740.000 | 17.700.000 | » | » | » |

*d)* **Comparaison, pour 1907, en quantités (kilos) et valeurs (francs), des importations et exportations pour certains produits (commerce spécial).**

| | IMPORTATIONS | | EXPORTATIONS | |
|---|---|---|---|---|
| | QUANTITÉS | VALEUR | QUANTITÉS | VALEUR |
| | kilos | francs | kilos | francs |
| Poissons d'eau douce. . . . . . . . . . . . . | 3.318.300 | 6.048.000 | 349.600 | 338.000 |
| Poissons de mer, frais ou secs. . . . . . . . . | 39.374.300 | 41.072.000 | 19.981.700 | 13.291.000 |
| Poissons de mer, marinés ou à l'huile. . . . . . | 9.311.200 | 12.336.000 | 7.060.000 | 13.755.000 |
| Rogues de morues et maquereaux, et graisses de poissons. . . | 10.261.200 | 8.236.000 | 513.500 | 434.000 |

# Produits de la pêche, frais ou préparés, pour l'alimentation.

COMPARAISON ENTRE LES ANNÉES 1900 ET 1907

| | IMPORTATIONS EN FRANCE | | | | EXPORTATIONS DE FRANCE | | | |
|---|---|---|---|---|---|---|---|---|
| | QUANTITÉS IMPORTÉES | | VALEUR DES IMPORTATIONS | | QUANTITÉS EXPORTÉES | | VALEUR DES EXPORTATIONS | |
| | 1900 | 1907 | 1900 | 1907 | 1900 | 1907 | 1900 | 1907 |
| | kilos | kilos | francs | francs | kilos | kilos | francs | francs |
| **POISSONS FRAIS D'EAU DOUCE** | | | | | | | | |
| **A. Salmonides.** | | | | | | | | |
| I. totales...... | 3fr.30 1.356.688 | 3fr.30 1.357.133 | 4.477.070 | 4.478.605 | 3fr.30 15.344 | 3fr.30 3.220 | 51.2?5 | 10.526 |
| I. d'Angleterre. | 309.144 | 355.910 | 1.020.173 | 1.174.503 | 3.289 | » | 10.853 | » |
| **B. Autres poissons.** | | | | | | | | |
| I. totales...... | 0fr.75 1.798.483 | 0fr.80 1.961.127 | 1.348.862 | 1.568.102 | 1fr.» 168.109 | 1fr.» 346.333 | 168.109 | 346.333 |
| I. d'Angleterre. | 17.805 | » | 13.333 | » | » | » | » | » |
| **POISSONS FRAIS DE MER.** | | | | | | | | |
| **A. Morues fraîches.** | | | | | | | | |
| I. totales...... | 0fr.45 332 | 191 | 149 | 105 | 0fr.35 248 | 0fr.35 7.225 | 124 | 3.975 |
| I. d'Angleterre. | » | » | » | » | » | » | » | » |
| **B. Harengs frais.** | | | | | | | | |
| I. totales...... | 0fr.18 86.867 | 0fr.16 2.868 | 15.636 | 459 | 0fr.18 346.630 | 0fr.16 1.170.199 | 98.393 | 283.232 |
| I. d'Angleterre. | 22.483 | 614 | 4.047 | 98 | » | 53.636 | » | 8.584 |
| **C. Autres poissons.** | | | | | | | | |
| I. totales...... | 0fr.90 2.953.634 | 0fr.90 4.093.920 | 2.669.070 | 3.684.528 | 1fr.» 715.285 | 1fr.» 2.839.081 | 715.285 | 2.839.081 |
| I. d'Angleterre. | 646.364 | 667.050 | 573.727 | 600.345 | » | 363.738 | » | 363.738 |

| | QUANTITÉS IMPORTÉES | | VALEUR DES IMPORTATIONS | | QUANTITÉS EXPORTÉES | | VALEUR DES EXPORTATIONS | |
|---|---|---|---|---|---|---|---|---|
| | 1900 | 1902 | 1907 | 1909 | 1909 | 1907 | 1900 | 1907 |

**POISSONS SECS SALÉS OU FUMÉS**

*A. Morues et stockfish.*

| | quintx. | | francs | | | | francs | francs |
|---|---|---|---|---|---|---|---|---|
| T. totales | 99.079.098 | 148.086.645 | 36.331.781 | 31.256.380 | 26.570.608 | 15.043.370 | 16.762.401 | 7.245.422 |
| I. d'Angleterre | 23.529 | 7.330 | 12.940 | 6.736 | 303.696 | | 188.294 | |

*B. Stockfisch.*

| | qlx. | | qlx. | | | | qtr. | |
|---|---|---|---|---|---|---|---|---|
| T. totales | 707.874 | 373.769 | 296.257 | 290.015 | 22.208 | 33.248 | 18.303 | 19.761 |
| E. en Angleterre | » | 72.950 | » | 38.369 | » | » | » | » |

*C. Harengs.*

| | qlx. | | | | | | qtr. | |
|---|---|---|---|---|---|---|---|---|
| T. totales | 321.027 | 143.173 | 68.234 | 25.790 | 2.384.641 | 2.388.115 | 357.306 | 429.801 |
| E. en Angleterre | 19.477 | 36.008 | 2.921 | 10.080 | » | (39) | » | 98 |

*B. Autres poissons.*

| | qlx. | | | | | | qtr. | |
|---|---|---|---|---|---|---|---|---|
| T. totales | 2.317.698 | 4.160.901 | 2.814.136 | 3.082.126 | 640.063 | 911.439 | 360.003 | 683.370 |
| E. en Angleterre | 63.773 | 501.217 | 31.018 | 69.882 | 8.927 | 78.056 | 7.141 | 99.319 |

**POISSONS CONSERVÉS, MARINÉS OU AUTREMENT PRÉPARÉS.**

*A. Sardines.*

| | qlx. | | qlx. | | | | qlx. | |
|---|---|---|---|---|---|---|---|---|
| T. totales | 1.134.544 | 8.019.643 | 1.035.391 | 9.633.572 | 10.884.530 | 4.334.032 | 19.392.156 | 9.906.254 |
| E. en Angleterre | 7.380 | 37.561 | 8.042 | 44.603 | 4.254.850 | 905.304 | 7.528.729 | 2.165.497 |

*B. Autres poissons.*

*A. Anchois.*

| | milla. | | | | | | | |
|---|---|---|---|---|---|---|---|---|
| T. totales | 2.796 | 10.374 | 83.860 | 341.920 | 36.995 | 27.195 | 6.480 | 48.360 |
| E. en Angleterre | 962 | 5.449 | 16.503 | 154.570 | 25.408 | 11.435 | 6.880 | 82.060 |

*B. Autres.*

| | | | | | mille | | qtr. | |
|---|---|---|---|---|---|---|---|---|
| T. totales | 1.668 | 064 | 3.326 | 1.928 | 3.015 | 3.061 | 1.062.200 | 815.520 |
| E. en Angleterre | 644 | 284 | 1.388 | 308 | » | » | 770.040 | 340.080 |

**HUÎTRES MARINÉES**

| | | | | | | | | |
|---|---|---|---|---|---|---|---|---|
| E. totales | » | » | » | » | » | » | 6.032 | 6.122 |
| E. en Angleterre | » | » | » | » | » | » | » | » |

**HOMARDS ET LANGOUSTES**

*A. Frais.*

| | qlx. | | | | | | qtr. | |
|---|---|---|---|---|---|---|---|---|
| T. totales | 1.244.650 | 1.092.778 | 2.469.330 | 3.085.878 | 413.708 | 301.270 | 527.415 | 372.413 |
| I. d'Angleterre | 47.853 | 603.444 | 94.496 | 196.543 | » | » | » | » |

*B. Conserves au présures.*

| | | | | | | | | |
|---|---|---|---|---|---|---|---|---|
| T. totales | 1.617.384 | 1.354.882 | 3.378.244 | 3.893.992 | 19.608 | 82.805 | 62.120 | 47.893 |
| I. d'Angleterre | 71.033 | 191.179 | 157.570 | 418.375 | 3.664 | 830 | 7.940 | 1.763 |

**MOULES ET AUTRES COQUILLAGES PLEINS**

| | qlx. | | | | | | qtr. | |
|---|---|---|---|---|---|---|---|---|
| T. totales | 9.695.196 | 791.379 | 940.110 | 3.086.878 | 694.364 | 881.156 | 55.203 | 70.495 |
| I. d'Angleterre | 34.039 | 63.899 | 2.725 | 5.407 | 143.850 | 82.323 | 9.408 | 4.185 |

**TORTUES**

*A. Vivantes.*

| | | | | | | | | |
|---|---|---|---|---|---|---|---|---|
| T. totales | 8.394 | 35.300 | 2.578 | 10.500 | 2.155 | 8.363 | 609 | 2.510 |
| I. d'Angleterre | 58 | 995 | 8 | 1.969 | 1.989 | 3.201 | 706 | 1.802 |

*B. Mortes.*

| | | | | | | | | |
|---|---|---|---|---|---|---|---|---|
| T. totales | 186 | » | 1.860 | » | » | » | » | » |
| I. d'Angleterre | 136 | » | 1.890 | » | » | » | » | » |

7

## Produits de la pêche pour la consommation, à l'état frais ou conservés sous toutes formes : séchés, salés, fumés, à l'huile...

| | IMPORTATIONS | | | | EXPORTATIONS | | | |
|---|---|---|---|---|---|---|---|---|
| | COMMERCE GÉNÉRAL | | COMMERCE SPÉCIAL | | COMMERCE GÉNÉRAL | | COMMERCE SPÉCIAL | |
| | QUANTITÉS | VALEUR | QUANTITÉS | VALEUR | QUANTITÉS | VALEUR | QUANTITÉS | VALEUR |
| | kilos | francs | kilos | francs | kilos | francs | kilos | francs |

**POISSONS FRAIS DE MER**

*A. Morues fraîches* — K = 0 fr. 55.

| | | | | | | | | |
|---|---|---|---|---|---|---|---|---|
| Divers pays étrangers | 191 | 105 | 191 | 105 | 7.051 | 7.081 | 7.081 | 7.080 |
| | | | | | 7.235 | 7.235 | 7.235 | 3.975 |

*B. Marées fraîches* — K = 0 fr. 16.

| | | | | | | | | |
|---|---|---|---|---|---|---|---|---|
| Grande-Bretagne | 32.693 | 614 | | | Grande-Bretagne | 53.655 | 53.655 | |
| Pays-Bas et Belgique | 14.288 | 2.254 | | | Belgique | 209.313 | 309.313 | 257.343 |
| A. P. E. | 46.981 | 2.808 | 7.517 | | Allemagne | 241.246 | 241.246 | 241.246 |
| | | | | | A. P. E. (†) | 31.018 | 3.305 | 3.305 |
| | | | | | (Saint-Pierre et Pêche) | 1.639.962 | 253.479 | 1.205.749 |
| | | | | | | 174.450 | 27.912 | 174.430 |
| | | | | | | 1.814.312 | 290.190 | 1.170.190 |

*C. Autres Poissons* — K = 0 fr. 16.

| | | | | | | | | |
|---|---|---|---|---|---|---|---|---|
| Grande-Bretagne | 651.116 | 897.008 | | | Grande-Bretagne | 373.172 | | 373.338 |
| Espagne | 444.779 | 682.098 | | | Norvège | 266.494 | | 267.270 |
| Belgique et Pays-Bas | 10.875 | 16.273 | | | Italie | 262.254 | | 242.248 |
| A. P. E. | 2.898.187 | 2.872.100 | 2.384.898 | | Allemagne et A. P. E. | 631.708 | | 631.634 |
| | | | | | | 398.834 | | 398.834 |
| | | | | | C. et P. | 300.012 | | 189.043 |
| Algérie | 1.061.916 | 1.681.916 | | | | 974 | 971 | 2.838.107 |
| Tunisie | 139.863 | 139.895 | | | | 974 | 671 | 974 |
| | 1.221.811 | 1.821.811 | 1.822.717 | | | 2.863.571 | 2.901.028 | 2.838.107 |
| | 4.119.998 | 4.441.083 | 4.603.920 | | | 2.864.548 | 2.863.002 | 2.829.081 |

**POISSONS SECS, SALÉS OU FUMÉS**

*A. Morues (et Klippfish)* — K = 0 fr. 76 et 0 fr. 45.

| | | | | | | | | |
|---|---|---|---|---|---|---|---|---|
| Grande-Bretagne | 313.649 | 7.320 | | | Grande-Bretagne | 3.996.320 | | 3.742.457 |
| Norvège | 24.364 | 20.302 | | | Italie | 2.898.879 | | 2.898.361 |
| Allemagne et A. P. E. | 36.599 | 21.285 | | | Espagne | 1.566.543 | | 1.299.775 |
| | 370.999 | 241.091 | 48.907 | | Grèce | 34.700 | | 396.178 |
| | | | | | Égypte, Tunisie et A. P. E. | 266.360 | | 74.898 |
| | 1.777 | 1.777 | | | Provisions de bord | 74.858 | 6.339.100 | 6.199.982 |
| Algérie | 48.043.408 | 48.036.981 | | | Algérie et Tunisie | 4.692.308 | 6.336.100 | 8.161.309 |
| Saint-Pierre et Pêche | 48.045.185 | 48.037.758 | 48.035.980 | | Martinique | 1.320.489 | | 1.320.489 |
| | 48.446.164 | 48.420.907 | 48.099.893 | | Guadeloupe | 104.997 | | 104.997 |
| | | | | | Réunion | 838.609 | | 838.609 |
| | | | | | Guyane Française | 243.363 | | 243.363 |
| | | | | | A. C. P. (†) | 346.323 | | 346.323 |
| | | | | | | 79.910 | | 78.428 |
| | | | | | | 3.886.021 | 2.911.713 | 3.881.061 |
| | | | | | | 12.374.781 | 9.347.843 | 12.048.370 | 9.031.778 |

(†) Autres Colonies et Protectorats.

## IMPORTATIONS

| | COMMERCE GÉNÉRAL | | COMMERCE SPÉCIAL | |
|---|---|---|---|---|
| | QUANTITÉS (kilos) | VALEUR (francs) | QUANTITÉS (kilos) | VALEUR (francs) |

*K = 0 fr. 90.*

**B. Stockfish**

| | | | | |
|---|---|---|---|---|
| Grande-Bretagne | 68.695 | | 72.950 | |
| Norvège | 174.864 | | 160.739 | |
| Pays-Bas | 114.987 | | 113.964 | |
| Allemagne et A. P. F. | 27.366 | | 26.290 | |
| | 385.407 | 308.246 | 373.633 | 298.992 |
| Algérie | 116 | 93 | 116 | 93 |
| | 385.423 | 308.398 | 373.769 | 299.085 |

*K = 0 fr. 90.*

**C. Harengs**

| | | | | |
|---|---|---|---|---|
| Grande-Bretagne | 102.106 | | 56.008 | |
| Pays-Bas et Belgique | 82.062 | | 80.977 | |
| A. P. F. | 7.216 | | 6.210 | |
| | 191.384 | 34.449 | 143.195 | 85.772 |
| Suisse | 80 | 14 | 80 | 14 |
| | 191.464 | 34.463 | 143.275 | 85.799 |
| | | | | *D. r. = 51.60* |

## EXPORTATIONS

| | COMMERCE GÉNÉRAL | | COMMERCE SPÉCIAL | |
|---|---|---|---|---|
| | QUANTITÉS (kilos) | VALEUR (francs) | QUANTITÉS (kilos) | VALEUR (francs) |

*K = 0 fr. 90.*

**B. Stockfish**

| | | | | |
|---|---|---|---|---|
| Grande-Bretagne | 18.536 | 14.980 | | 9.329 |
| Espagne, Italie et A. P. F. | 540 | | 3.010 | |
| Algérie | 23.604 | | 19.986 | |
| A. C. P. | | | 372 | |
| | 23.574 | 21.171 | 80.928 | 17.202 |
| Algérie | 14.110 | 26.451 | 121.268 | 19.764 |

*K = 0 fr. 90.*

**C. Harengs**

| | | | | |
|---|---|---|---|---|
| Grande-Bretagne | 25.788 | | 539 | |
| Belgique | 1.660.312 | | 1.660.097 | |
| Allemagne | 98.474 | | 98.474 | |
| Suisse | 85.430 | | 62.332 | |
| Égypte | 34.193 | | 54.192 | |
| Espagne, Italie A. P. F. | 36.664 | | 53.680 | |
| | 1.928.441 | 396.119 | 1.920.306 | 347.875 |
| Algérie et Tunisie | 257.850 | | 257.350 | |
| Réunion, Martinique, Guadeloupe | 146.347 | | 146.347 | |
| Saint-Pierre et Pêche | 63.805 | | 43.863 | |
| A. C. P. | 21.209 | | 21.679 | |
| | 628.811 | 82.386 | 606.356 | 68.586 |
| | 1.921.979 | 408.705 | 2.366.155 | 989.961 |

## POISSONS CONSERVÉS, MARINÉS, OU AUTREMENT PRÉPARÉS

**A. Sardines**

*K = 1 fr. 20 ou 1 fr. 20.*

| | | | | |
|---|---|---|---|---|
| Grande-Bretagne | 32.271 | | 964.354 | 377.543 |
| États-Unis | 1.609.086 | | 1.315.227 | |
| Russie | 328.641 | | 317.356 | |
| Danemark | 292.496 | | 56.424 | |
| Belgique et Pays-Bas | 119.666 | | 126.881 | |
| Suisse, Italie, Roumanie | 68.889 | | 38.029 | |
| Algérie et Tunisie | 734.986 | 566.317 | 903.399 | |
| Réunion | 96.444 | | | |
| Martinique et Guadeloupe | 125.884 | | | |
| Saint-Pierre et Pêche | | | | |
| A. C. P. | 29.756 | | 27.309 | |
| | 441.027 | 389.720 | 408.949 | 306.606 |
| Égypte | | | 449.911 | |
| Turquie | 348.677 | | 93.826 | |
| A. P. F. | 161.379 | | | |
| | 1.196.910 | 897.407 | 911.439 | 681.579 |

**A. Sardines**

*K = 1 fr. 20 ou 1 fr. 20.*

| | | | | |
|---|---|---|---|---|
| Grande-Bretagne | 32.271 | | 1.049.085 | |
| Espagne | 6.402.836 | | 1.609.086 | |
| Portugal | 1.384.984 | | 328.641 | |
| Maroc | 47.362 | | 292.496 | |
| A. P. F. | 47.855 | | 473.939 | |
| | 8.935.364 | 9.482.425 | 3.616.219 | 10.658.898 |
| Algérie | 655.694 | | 116.189 | |
| Établissements français (Oc. etc.) | | | 17.856 | |
| desde d'Alsgr. | 38 | | | |
| | 633.732 | 765.878 | 3.716.212 | 9.968.374 |
| Congo français | | | 66.506 | |
| Sénégal et Établissements fran- | | | 24.632 | |
| çais Côte Occidentale d'Afrique | | | 14.686 | |
| Madagascar | | | 41.492 | |
| Indo-Chine | | | 38.931 | |
| Nouvelle-Calédonie | | | 16.456 | |
| Guyane et A. C. P. | 85.962 | | 80 | |
| | 8.891.096 | 10.609.303 | 383.065 | 502.507 |
| | | | 241.686 | 716.877 |
| | 5.439.305 | 11.601.555 | 4.615.716 | 10.685.151 |

| | IMPORTATIONS | | | | EXPORTATIONS | | | |
|---|---|---|---|---|---|---|---|---|
| | COMMERCE GÉNÉRAL | | COMMERCE SPÉCIAL | | COMMERCE GÉNÉRAL | | COMMERCE SPÉCIAL | |
| | QUANTITÉS | VALEUR | QUANTITÉS | VALEUR | QUANTITÉS | VALEUR | QUANTITÉS | VALEUR |
| | kilos | francs | kilos | francs | kilos | francs | kilos | francs |

**B. Autres Poissons**

| | | | | | | | | |
|---|---|---|---|---|---|---|---|---|
| Grande-Bretagne | 548.849 | | 548.603 | | 442.434 | | 431.078 | |
| Pays-Bas et Belgique | 246.602 | | 162.748 | | 363.977 | | 404.952 | |
| Espagne, Portugal, Italie | 204.431 | | 993.703 | | 111.820 | | 104.090 | |
| Allemagne et Norvège | 128.137 | | 146.434 | | 969.630 | | 341.858 | |
| Canada et A.P.E. | 64.438 | | 78.412 | | | | | |
| | 1.301.597 | 2.922.354 | 1.923.960 | 2.570.379 | 254.113 | | 269.333 | |
| | | | | | 256.446 | | 217.333 | 4.891.185 |
| | | | | | 2.177.300 | 4.172.730 | 2.036.662 | |
| Algérie et Tunisie | 64.799 | | 67.400 | | 229.333 | | 203.196 | |
| A.C.P. | 175 | | 114 | | 49.414 | | 47.836 | |
| | | | | | 29.093 | | 30.300 | |
| | | | | | 29.793 | | 29.339 | |
| | | | | | 76.997 | | 68.324 | |
| | 64.974 | 130.443 | 67.569 | 441.805 | 413.370 | 988.497 | 373.637 | 288.839 |
| | 1.636.571 | 3.028.799 | 1.991.930 | 2.712.276 | 2.391.070 | 5.441.347 | 2.414.204 | 5.070.024 |

**HUITRES**

**A. Fraiches.** a) Naissain. b) Autres.

| | | | | | | | | |
|---|---|---|---|---|---|---|---|---|
| Grande-Bretagne | » | » | » | » | 6.990 | 52.201 | 6.880 | 82.360 |
| A.P.E. | » | » | » | » | » | | » | » |
| Grande-Bretagne | 5.149 | | 5.149 | | 11.636 | | 11.636 | |
| A.P.E. | 4.199 | | | | 4.190 | | 4.190 | |
| | | | | | 524 | | 551 | |
| Algérie | » | » | » | » | 4.080 | 178.900 | 4.680 | 138.900 |
| A.C.P. | » | » | » | » | 27.484 | 875.520 | 27.184 | 815.530 |

**B. Marinées.**

| | | | | | | | | |
|---|---|---|---|---|---|---|---|---|
| Grande-Bretagne et A.P.E. | 1.240 | | 364 | | 3.929 | | 3.954 | |
| | 680 | | 680 | | 319 | | 219 | |
| C. et P. | 1.990 | 3.290 | 994 | 1.928 | 4.026 | 8.056 | 3.961 | 6.132 |

**HOMARDS ET LANGOUSTES**

**A. Frais.**

| | | | | | | | | |
|---|---|---|---|---|---|---|---|---|
| Grande-Bretagne | 103.553 | | 103.444 | | 229.480 | | 273.688 | |
| Belgique | 440.447 | | 440.447 | | 23.211 | | 19.383 | |
| Allemagne, Suisse, A.P.E. | 493.598 | | 498.398 | | 302.820 | | 576.108 | 569.360 |
| Portugal | 369.724 | | 269.724 | | 1.607 | | 3.652 | 3.033 |
| Italie | 154.607 | | 154.607 | | | | 1.607 | |
| A.P.E. | 10.880 | | 7.423 | | | | | |
| | 1.396.735 | 3.033.797 | 1.702.778 | 3.086.278 | 304.906 | 578.361 | 301.270 | 372.413 |

**B. Conserves ou préparés.**

| | | | | | | | | |
|---|---|---|---|---|---|---|---|---|
| Grande-Bretagne | 211.864 | | 189.170 | | 8.571 | | 800 | |
| Russie | 1.675.429 | | 1.639.081 | | 14.738 | | » | |
| Allemagne et A.P.E. | 16.530 | | 16.032 | | 12.433 | | 83 | |
| Grèce et Turquie | | | | | 17.890 | | 111 | |
| A.P.E. | | | | | 11.225 | | 1.023 | |
| | 1.903.823 | 3.998.049 | 1.894.282 | 3.893.992 | 64.315 | 131.148 | 2.014 | 4.529 |
| Algérie | | | | | 16.774 | | 16.498 | |
| A.C.P. | | | | | 7.271 | | 4.335 | |
| | | | | | 24.045 | 90.494 | 20.792 | 43.044 |
| | | | | | 88.360 | 189.976 | 22.806 | 47.999 |

| | IMPORTATIONS | | | | EXPORTATIONS | | | |
|---|---|---|---|---|---|---|---|---|
| | COMMERCE GÉNÉRAL | | COMMERCE SPÉCIAL | | COMMERCE GÉNÉRAL | | COMMERCE SPÉCIAL | |
| | QUANTITÉS kilos | VALEUR francs | QUANTITÉS kilos | VALEUR francs | QUANTITÉS kilos | VALEUR francs | QUANTITÉS kilos | VALEUR francs |

**MOULES ET AUTRES COQUILLAGES FRAIS**

k = 0 fr. 08

| | | | | | | | | |
|---|---|---|---|---|---|---|---|---|
| Grande-Bretagne et A. P. E. | 63.839 | | 63.839 | | Grande-Bretagne | 32.323 | 33.323 | |
| Pays-Bas | 8.953.929 | | 8.953.929 | | Espagne | 560.990 | 560.990 | |
| Belgique | 2.600.476 | | 2.600.476 | | Belgique et A. P. E. | 14.943 | 14.929 | |
| Espagne | 195.093 | | 195.093 | | A. P. E. | 628.256 | 628.242 | 50.257 |
| | 11.744.337 | 509.347 | 11.744.337 | 929.347 | | 202.764 | 202.764 | |
| Algérie et Tunisie | 5.042 | 363 | 7.042 | 963 | Algérie et Tunisie | 212 | 212 | 30.838 |
| | | | | | A. C. P. | 212.976 | 212.976 | |
| | 11.751.379 | 509.110 | 11.751.379 | 940.110 | | 881.188 | 881.188 | 70.436 |
| | | | | | B. P. = 41 | | | |

**ROGUES DE MORUE ET DE MAQUEREAU**

k = 0 fr. 15

| | | | | | | | | |
|---|---|---|---|---|---|---|---|---|
| Grande-Bretagne | 176.897 | | 189.148 | | Grande-Bretagne | | | |
| Norvège | 2.621.213 | | 2.989.487 | | Norvège | 72.869 | 72.869 | |
| Allemagne | 168.677 | | 178.477 | | Maroc | 12.368 | 12.368 | |
| États-Unis | 235.339 | | 216.252 | | Espagne et A. P. E. | 12.291 | 12.090 | |
| A. P. E. | 20.361 | | 30.361 | | | 97.438 | 14.619 | 14.596 |
| | 3.222.407 | 483.375 | 3.493.366 | 679.009 | | 127 | 19 | |
| Saint-Pierre et Pêche. | 618.142 | 92.781 | 617.701 | 93.099 | Saint-Pierre et Pêche. | 97.385 | 14.638 | 14.396 |
| | 3.840.639 | 576.056 | 3.811.067 | 571.708 | | 97.237 | | |
| | | | | B. P. = 45.462 | | | | |

**TORTUES VIVANTES**

k = 0 fr. 15

| | | | | | | | | |
|---|---|---|---|---|---|---|---|---|
| | 274 | | 374 | | Allemagne | 2.472 | | 2.472 |
| | 424 | | 134 | | A. Allemagne | 694 | 694 | |
| | 448 | 134 | 448 | 134 | Autres pays | 8.308 | 8.308 | 2.510 |
| Autres pays étrangers | | | | | | | | |
| | | | | | | | | |

**TORTUES MORTES**

k = 0 fr. 14

| | | | | | | | | |
|---|---|---|---|---|---|---|---|---|
| Algérie | 34.696 | | 34.696 | | | | | |
| Madagascar | 56 | | 56 | | | | | |
| | 34.752 | 10.425 | 34.752 | 10.425 | Grande-Bretagne | 16.601 | 57.263 | 10.635 |
| | 35.200 | 10.560 | 35.200 | 10.560 | | 16.601 | 57.263 | 10.635 |
| | | | B. P. = 45 | | | | | |

**POISSONS D'EAU DOUCE**

A. Salmonoïdes

k = 3 fr. 20 et 0 fr. 90.

| | | | | | | | | |
|---|---|---|---|---|---|---|---|---|
| Grande-Bretagne | 366.567 | | 365.916 | | | | | |
| Pays-Bas | 988.891 | | 983.091 | | Grande-Bretagne | | 3.226 | 3.226 |
| Allemagne | 206.577 | | 306.019 | | A. P. E. et Possions et bois. | | 3.226 | 3.226 |
| Suisse | 419.160 | | 109.849 | | | | | |
| Belgique, Italie et A. P. E. | 104.880 | | 101.726 | | | | | |
| | 1.370.353 | 1.522.796 | 1.377.153 | 4.439.665 | | | | |
| | | | B. P. = 73.038 | | | | | |

B. Autres Poissons.

k = 0 fr. 92.

| | | | | | | | | |
|---|---|---|---|---|---|---|---|---|
| Grande-Bretagne | 967.957 | | 967.697 | | Grande-Bretagne | 140.680 | | 133.520 |
| Pays-Bas | 494.557 | | 494.479 | | Allemagne | 119.432 | | 119.304 |
| Allemagne | 138.344 | | 130.636 | | Italie | 110.499 | | 93.899 |
| Italie | 247.143 | | 236.794 | | A. P. E. | | | |
| Suisse, Belgique, A.P.E. | 137.349 | | 137.519 | | | 370.601 | 365.771 | 346.383 |
| Zones franches | | | | | Congo français | 64 | 52 | |
| | 1.985.534 | 1.696.435 | 1.961.187 | 1.566.902 | | 370.665 | 365.823 | 346.333 |
| | | | B. P. = 73.248 | | | | | |

# PRODUITS DE LA PÊCHE
## destinés à des usages industriels.

Les produits de la pêche destinés à des usages industriels sont fort nombreux et donnent lieu à un commerce d'importation et d'exportation particulièrement important.

Les tableaux que nous donnons établissent une comparaison entre l'importation et l'exportation de ces produits pour les années 1900 et 1907, en poids et en valeur.

Produits de la pêche, pour l'industrie

| | IMPORTATIONS EN FRANCE | | | EXPORTATIONS DE FRANCE | | | | |
|---|---|---|---|---|---|---|---|---|
| | QUANTITÉS importées | VALEURS | | QUANTITÉS exportées | | VALEURS | | |
| | 1905 | 1907 | 1906 | 1907 | 1906 | 1907 | 1906 | 1907 |

FANONS DE BALEINE

A. Bruts.

| | kilos | kilos | francs | francs | kilos | kilos | francs | francs |
|---|---|---|---|---|---|---|---|---|
| I. totales...... | 453.296 | 285.607 | 4.130.999 | 47.707.631 | 26.186 | 24.913 | 765.382 | 1.764.410 |
| I. d'Angleterre.. | 53.890 | 151.142 | 1.343.000 | 9.370.800 | 4.614 | 9.883 | 138.420 | 691.740 |

B. Apprêtés.

| | kilos | kilos | francs | francs | kilos | kilos | francs | francs |
|---|---|---|---|---|---|---|---|---|
| I. totales...... | 18.384 | 18.532 | 640.430 | 1.484.160 | 18.658 | 89.055 | 746.730 | 2.699.650 |
| I. d'Angleterre.. | 468 | 16.380 | | | 2.311 | 23.444 | 93.240 | 2.160.900 |

IMITATIONS DE BALEINE DE CORNE (à titre documentaire).

| | kilos | kilos | francs | francs | kilos | kilos | francs | francs |
|---|---|---|---|---|---|---|---|---|
| I. totales...... | 9.824 | 22.408 | 38.848 | 145.612 | 254.658 | 177.969 | 1.525.147 | 1.245.783 |
| I. d'Angleterre.. | 4.620 | 20.630 | | | 107.965 | 59.304 | 701.392 | 416.588 |

CORNES DE BÉTAIL. (À titre documentaire).

A. Brutes.

| | kilos | kilos | francs | francs | kilos | kilos | francs | francs |
|---|---|---|---|---|---|---|---|---|
| I. totales...... | 9.093.581 | 7.441.227 | 10.467.618 | 9.201.534 | 2.738.047 | 2.048.018 | 2.743.018 | 3.069.087 |
| I. d'Angleterre.. | 1.439.146 | 393.633 | 1.366.387 | 392.064 | 590.330 | 448.091 | 536.348 | 790.519 |
| I. des kelapians. | 1.640.628 | 2.176.150 | 1.886.723 | 1.280.187 | | | | |
| I. d'Australie... | | 145.384 | | 182.547 | | | | |

B. Préparées.

| | kilos | kilos | francs | francs | kilos | kilos | francs | francs |
|---|---|---|---|---|---|---|---|---|
| I. totales...... | 7.458 | | 850.006 | | 4.602 | 17.023 | 29.436 | 397.480 |
| I. d'Angleterre.. | | | | | 270 | | 3.860 | |

CORAIL.

A. Brut.

| | kilos | kilos | francs | francs | kilos | kilos | francs | francs |
|---|---|---|---|---|---|---|---|---|
| I. totales...... | 5.506 | 1.212 | 440.480 | 145.440 | 1.438 | 900 | 71.909 | 72.000 |
| I. d'Angleterre.. | | | | | | 108 | | 11.850 |

B. Taillé non monté.

| | kilos | kilos | francs | francs | kilos | kilos | francs | francs |
|---|---|---|---|---|---|---|---|---|
| I. totales...... | 1.214 | 362 | 304.300 | 171.950 | 2 | 44 | 700 | 24.200 |
| I. d'Angleterre.. | | | | | | | | |

ÉPONGES.

A. Brutes.

| | kilos | kilos | francs | francs | kilos | kilos | francs | francs |
|---|---|---|---|---|---|---|---|---|
| I. totales...... | 317.690 | 295.477 | 6.353.400 | 8.398.810 | 38.451 | 17.726 | 883.722 | 359.285 |
| I. d'Angleterre.. | 13.457 | 52.402 | 899.140 | 674.760 | 3.170 | 2.201 | 72.910 | 68.300 |

B. Préparées.

| | kilos | kilos | francs | francs | kilos | kilos | francs | francs |
|---|---|---|---|---|---|---|---|---|
| I. totales...... | 12.782 | 7.899 | 397.934 | 461.375 | 96.385 | 15.854 | 1.974.600 | 1.596.130 |
| I. d'Angleterre.. | 2.110 | 807 | 99.170 | 51.840 | 1.010 | 488 | 75.700 | 46.302 |

ÉCAILLES DE TORTUES.

A. Carapaces, caplan, casaurons.

| | kilos | kilos | francs | francs | kilos | kilos | francs | francs |
|---|---|---|---|---|---|---|---|---|
| I. totales...... | 30.330 | 26.540 | 1.016.600 | 1.857.800 | 1.664 | 2.141 | 38.350 | 119.996 |
| I. d'Angleterre.. | 13.302 | 12.480 | 661.100 | 873.000 | 767 | 2.663 | 36.845 | 149.128 |

B. Rognures.

| | kilos | kilos | francs | francs | kilos | kilos | francs | francs |
|---|---|---|---|---|---|---|---|---|
| I. totales...... | 891 | 977 | 2.460 | 4.897 | 302 | 1.235 | 1.408 | 6.931 |
| I. d'Angleterre.. | | | | | | | | |

PERLES FINES

| | grammes | grammes | francs | francs | grammes | grammes | francs | francs |
|---|---|---|---|---|---|---|---|---|
| I. totales...... | 132.723 | 132.459 | 2.202.644 | 5.939.990 | 215.418 | 98.434 | 3.698.901 | 5.487.480 |
| I. d'Angleterre.. | 58.905 | 33.698 | 1.001.386 | 2.081.380 | 12.992 | 39.847 | 307.434 | 2.062.680 |

## IMPORTATIONS EN FRANCE — EXPORTATIONS DE FRANCE

### COQUILLES A NACRE DE PERLE

**A. Brutes.**

| | QUANTITÉ IMPORTÉE 1906 | 1907 | VALEUR 1906 | 1907 | | QUANTITÉ EXPORTÉE 1906 | 1907 | 1908 | VALEUR 1907 |
|---|---|---|---|---|---|---|---|---|---|
| 3 fr. 20 kilos | | | | | à fr. kilos | | | | francs |
| I. totales | 4.117.650 | 4.381.594 | 13.174.690 | 14.320.304 | E. totales | 273.630 | 494.517 | 444.831 | 1.978.328 |
| I. d'Angleterre | 1.071.860 | 997.324 | 3.439.792 | 3.990.086 | E. en Angleterre | 39.633 | 144.448 | 67.329 | 577.792 |

**B. Nacre.**

| | | | | | 11 fr. 70 kilos | | 20 fr. 75 | | |
|---|---|---|---|---|---|---|---|---|---|
| 11 fr. kilos | 84 fr. d | | | | E. totales | 115 | 4.981 | 2.070 | 126.961 |
| I. totales | 1.208 | 961 | | 1.187 | E. en Angleterre | | | | |
| I. d'Angleterre | | | 10.571 | | | | | | |

**C. Maillotides et autres.**

| | | | | | 9 fr. 40 kilos | | 9 fr. 50 | | |
|---|---|---|---|---|---|---|---|---|---|
| 9 fr. 40 kilos | 9 fr. kilos | | | | E. totales | 38.746 | 36.716 | 53.238 | 33.046 |
| I. totales | 576.495 | 128.084 | 778.173 | 444.650 | E. en Angleterre | 11.961 | 10.037 | 16.745 | 9.033 |
| I. d'Angleterre | 74.656 | 411.363 | 59.955 | 56.821 | | | | | |

### PEAUX DE PHOQUE

**Brutes.**

| | | | | | 70 fr. kilos | | | | |
|---|---|---|---|---|---|---|---|---|---|
| 19 fr. kilos | 3 fr. kilos | | | | E. totales | 865 | » | 8.631 | » |
| I. totales | 95.677 | 20.098 | 524.093 | 490.709 | E. en Angleterre | 895 | » | 8.863 | » |
| I. d'Angleterre | 8.400 | | 80.100 | | | | | | |

### PEAUX DE CHIENS DE MER

**Brutes.**

| | | | | | kilos | | | | |
|---|---|---|---|---|---|---|---|---|---|
| 3 fr. kilos | 3 fr. kilos | | | | E. totales | » | 1 | » | » |
| I. totales | 1.150 | 615 | | 3.450 | E. en Angleterre | » | » | » | » |
| I. d'Angleterre | | | | | | | | | |

---

## IMPORTATIONS — EXPORTATIONS

| | COMMERCE GÉNÉRAL quantités kilos | valeurs francs | COMMERCE SPÉCIAL quantités kilos | valeurs francs | | COMMERCE GÉNÉRAL quantités kilos | valeurs francs | COMMERCE SPÉCIAL quantités kilos | valeurs francs |
|---|---|---|---|---|---|---|---|---|---|

### FANONS DE BALEINE

**A. Bruts.**

| | | | | | **A. Bruts.** | | | | |
|---|---|---|---|---|---|---|---|---|---|
| M = 64 fr. | | | | | M = 70 fr. et 42 fr. | | | | |
| Grande-Bretagne | 131.143 | | 151.542 | | Grande-Bretagne | 9.882 | | 9.884 | |
| Norvège | 81.435 | | 81.433 | | Allemagne | 11.616 | | 10.016 | |
| États-Unis et Canada | 33.625 | | 32.695 | | Pays-Bas et autres pays | 5.185 | | 3.075 | |
| A. P. E. | 31.125 | | 21.025 | | A. P. E. | 35.685 | 1.854.430 | 21.975 | 1.748.110 |
| | 287.708 | 2.813.066 | 286.607 | 2.707.634 | | | | | |

**B. Coupés et apprêtés.**

| | | | | | M = 80 fr. ou 85 fr. | | | | |
|---|---|---|---|---|---|---|---|---|---|
| M = 80 fr. | | | | | Grande-Bretagne | 23.444 | | 22.444 | |
| Grande-Bretagne | 17.719 | | 17.687 | | Allemagne | 2.416 | | 2.416 | |
| Allemagne | 865 | | 865 | | Espagne | 1.565 | | 1.565 | |
| A. P. E. | 48.364 | 1.488.793 | 18.528 | 1.464.869 | A. P. E. | 30.009 | 2.700.490 | 29.971 | 2.697.500 |
| Établissement français Côte occidentale d'Afrique | | | | | | 18 | 1.680 | 18 | 1.620 |
| | | | | | | 30.027 | 2.702.140 | 29.993 | 2.699.520 |

### IMITATIONS DE BALEINE EN CORNE

| | | | | | M = 7 fr. et 4 fr. 50 | | | | |
|---|---|---|---|---|---|---|---|---|---|
| M = 4 fr. 50 | | | | | Grande-Bretagne | 39.504 | | 39.504 | |
| Grande-Bretagne | 11.095 | | 10.944 | | Allemagne | 36.964 | | 36.964 | |
| Allemagne | 10.491 | | 10.491 | | Belgique | 30.604 | | 30.604 | |
| Belgique | 928 | | 973 | | Espagne | 16.161 | | 16.161 | |
| A. P. E. | 22.564 | 146.666 | 22.408 | 145.632 | Autriche-Hongrie | 6.467 | | 5.824 | |
| | | | | | États-Unis | 5.824 | | 7.828 | |
| | | | | | République Argentine | 7.828 | | 14.282 | |
| | | | | | A. P. E. | 477.820 | 1.944.612 | 177.064 | 1.943.618 |
| | | | | | Algérie | 208 | 9.130 | 203 | 2.131 |
| | | | | | | 178.123 | 1.266.747 | 177.969 | 1.265.787 |

**Tableau A, détaillé, des importations (en France) et des exportations (de France).**

CORNES DE BÉTAIL

A. Brutes.

| | IMPORTATIONS | | | | EXPORTATIONS | | | |
|---|---|---|---|---|---|---|---|---|
| | COMMERCE GÉNÉRAL | | COMMERCE SPÉCIAL | | COMMERCE GÉNÉRAL | | COMMERCE SPÉCIAL | |
| | QUANTITÉS (kilos) | VALEUR (francs) | QUANTITÉS (kilos) | VALEUR (francs) | QUANTITÉS (kilos) | VALEUR (francs) | QUANTITÉS (kilos) | VALEUR (francs) |
| Grande-Bretagne | 382.314 | | 382.603 | | 530.742 | | 416.091 | |
| Indes Anglaises | 2.184.725 | | 2.176.150 | | 921.888 | | 841.279 | |
| Australie | 172.720 | | 146.398 | | 369.903 | | 359.567 | |
| Allemagne | 350.631 | | 348.301 | | 183.297 | | 169.844 | |
| Turquie, Venezuela, Brésil, Uru-guay, Chili, Répu-blique Argentine | 320.904 | | 309.555 | | 144.145 | | 197.918 | |
| Autres pays étrangers | 1.840.644 | | 2.001.360 1.786.076 | | 2.129.325 3.161.901 | | 2.006.019 3.006.026 | |
| Algérie | 128.719 | | 192.740 | | 44.860 | | 30.845 | |
| Inde-Chine | 217.007 | | 202.927 | | 618 | | 154 | |
| Autres Colonies et Protectorats | 74.887 | 9.970.846 | 26.845 | 8.805.894 | 45.428 45.327 | | 33.999 30.999 | |
| | 7.176.197 | | 7.080.715 8.805.894 | | 2.173.801 3.227.298 | | 2.040.018 3.090.027 | |

B. …

| | | | | | | | | |
|---|---|---|---|---|---|---|---|---|
| Divers pays étrangers | 3.404 | 6.620 | 911 | 2.001 | | | | |

C. Débitées en feuilles.

| | IMPORTATIONS | | | | EXPORTATIONS | | | |
|---|---|---|---|---|---|---|---|---|
| | | | | | COMMERCE GÉNÉRAL | | COMMERCE SPÉCIAL | |
| Grande-Bretagne | | | | | » | | » | |
| Allemagne | | | | | 9.392 | | 9.392 | |
| Danemark | | | | | 3.046 | | 3.048 | |
| Belgique | | | | | 4.118 | | 4.118 | |
| Espagne | | | | | 6.278 | | 5.278 | |
| Italie | | | | | 2.190 | | » | |
| États-Unis | | | | | 2.877 | | 2.877 | |
| Brésil | | | | | 6.486 | | 6.486 | |
| Autres pays étrangers | | | | | 1.301 | | 1.301 | |
| Divers pays étrangers | 111 | 1.471 | | | 25.890 77.608 | | 33.100 72.820 | |
| Grande-Bretagne | | | | | » | | » | |
| Allemagne | | | | | 2.867 | | 2.867 | |
| Italie | | | | | 6.177 | | 6.177 | |
| Brésil | | | | | 8.329 | | 8.329 | |
| Autres pays étrangers | | | | | 660 | | 350 | |
| | | | | | 18.033 238.937 | | 47.923 127.480 | |

## IMPORTATIONS EN FRANCE

### COMMERCE GÉNÉRAL

**FANONS DE BALEINE**

| | 1903 QUANTITÉS kilos | 1903 VALEURS francs | 1904 QUANTITÉS kilos | 1904 VALEURS francs | 1905 QUANTITÉS kilos | 1905 VALEURS francs | 1906 QUANTITÉS kilos | 1906 VALEURS francs | 1907 QUANTITÉS kilos | 1907 VALEURS francs | 1908 (Chiffres provisoires et incomplets) QUANTITÉS kilos | 1908 VALEURS francs |
|---|---|---|---|---|---|---|---|---|---|---|---|---|
| *A. Bruts.* | | | | | | | | | | | | |
| Totales........ | 148.643 | 8.621.440 | 130.645 | 9.378.900 | 164.812 | 13.564.884 | 228.425 | 13.265.500 | 597.306 | 17.843.096 | 561.366 | 16.390.848 |
| D'Angleterre. | 75.431 | 4.600.730 | 44.601 | 2.640.060 | 33.327 | 3.051.039 | 66.260 | 3.716.800 | 151.142 | 9.370.804 | ? | ? |
| *B. Coupés ou apprêtés.* | | | | | | | | | | | | |
| Totales........ | 14.152 | 1.665.900 | 16.560 | 1.472.000 | 13.890 | 952.133 | 21.719 | 1.628.925 | 18.584 | 1.688.730 | 18.690 | 1.688.000 |
| D'Angleterre. | 854 | 64.650 | 677 | 39.775 | » | 838 | 62.870 | » | » | ? | ? |
| INITATIONS DE BALEINES DE CORNE | | | | | | | | | | | | |
| Totales........ | 10.410 | 62.560 | 9.302 | 36.160 | 15.973 | 90.874 | 15.610 | 101.465 | 22.344 | 146.660 | 9.600 | 63.360 |
| D'Angleterre. | » | » | » | » | » | » | » | » | » | ? | ? |

**ORDRES DE DÉTAIL.**

| | | | | | | | | | | | | |
|---|---|---|---|---|---|---|---|---|---|---|---|---|
| *A. Bruts.* | | | | | | | | | | | | |
| Totales........ | 7.189.445 | 8.961.703 | 7.030.698 | 7.099.655 | 7.246.383 | 9.771.348 | 6.754.508 | 8.780.860 | 7.176.197 | 8.970.346 | 8.691.900 | 60.414.720 |
| D'Angleterre. | 905.670 | 1.932.038 | 1.178.633 | 1.472.344 | 1.483.500 | 1.628.362 | 536.329 | 723.228 | 397.311 | 409.129 | ? | ? |
| Iles britann. | 319.231 | 1.686.622 | 1.027.862 | 1.294.927 | 1.815.029 | 2.369.032 | 1.679.846 | 1.883.932 | 2.184.725 | 2.730.906 | ? | ? |
| D'Australie. | » | » | » | » | 169.442 | 254.773 | 177.299 | 256.666 | 172.790 | 215.312 | ? | ? |
| *B. Préparées.* | | | | | | | | | | | | |
| Totales........ | 8.442 | 71.562 | 2.508 | » | 447 | 2.409 | 2.506 | 6.396 | 4.406 | 2.406 | 1.277 | » |
| D'Angleterre. | » | » | » | » | » | » | » | » | » | » | » |

## COMMERCE SPÉCIAL

**FANONS DE BALEINE**

| | | | | | | | | | | | | |
|---|---|---|---|---|---|---|---|---|---|---|---|---|
| *A. Bruts.* | | | | | | | | | | | | |
| Totales........ | 148.472 | 8.641.716 | 130.645 | 9.378.700 | 244.684 | 13.566.988 | 227.990 | 13.079.400 | 593.607 | 17.707.634 | 556.400 | 15.897.000 |
| D'Angleterre. | 39.004 | 2.362.323 | 44.004 | 2.640.060 | 53.327 | 3.291.620 | 66.280 | 3.976.800 | 151.142 | 9.370.804 | ? | ? |
| *B. Coupés ou apprêtés.* | | | | | | | | | | | | |
| Totales........ | 14.222 | 1.666.690 | 12.763 | 957.225 | 13.863 | 991.295 | 21.617 | 1.621.215 | 18.552 | 1.684.160 | 18.490 | 1.472.000 |
| D'Angleterre. | 854 | 64.660 | 120 | 11.925 | » | 826 | 62.870 | » | » | 9.360 | 63.000 |
| INITATIONS DE BALEINES DE CORNE | | | | | | | | | | | | |
| Totales........ | 9.433 | 56.282 | 8.927 | 123.562 | 15.824 | 94.944 | 13.932 | 90.528 | 22.469 | 145.622 | » | » |
| D'Angleterre. | » | » | » | » | » | » | » | » | » | ? | ? |

**ORDRES DE DÉTAIL.**

| | | | | | | | | | | | | |
|---|---|---|---|---|---|---|---|---|---|---|---|---|
| *A. Bruts.* | | | | | | | | | | | | |
| Totales........ | 7.032.190 | 8.790.326 | 6.960.309 | 8.700.396 | 7.303.999 | 9.459.195 | 6.664.656 | 8.663.373 | 7.060.715 | 8.800.804 | 7.967.600 | 9.959.000 |
| D'Angleterre. | 905.670 | 1.932.038 | 1.173.360 | 1.469.396 | 1.557.075 | 1.604.198 | 536.868 | 723.598 | 313.633 | 392.068 | ? | ? |
| Iles britann. | 198.221 | 1.360.280 | 1.087.869 | 1.274.311 | 1.841.963 | 2.358.404 | 679.328 | 1.863.462 | 176.820 | 2.720.268 | ? | ? |
| D'Australie. | » | » | » | » | 169.301 | 254.392 | 177.299 | 200.666 | 141.308 | 183.946 | ? | ? |
| *B. Préparées.* | | | | | | | | | | | | |
| Totales........ | 2.339 | 5.190 | 608 | 1.828 | 868 | 2.130 | 1.679 | 3.694 | 911 | 2.011 | » | » |
| D'Angleterre. | » | » | » | » | » | » | » | » | » | » | » |
| *C. Tableaux en feuilles.* | | | | | | | | | | | | |
| Totales........ | 3.990 | 103.947 | » | » | 617 | 7.923 | 520 | 6.890 | » | » | » | » |
| D'Angleterre. | » | » | » | » | » | » | » | » | » | » | » |

N. B. — Dans les I et I, T (Italic) sont corrigées; les I et les F de ces en Angleterre, telles que relatives à la figure en dessous.

## Tableau B (Suite). Années 1903 à 1908 par rapport à l'Angleterre spécialement.

### EXPORTATIONS DE FRANCE

| | 1903 | | 1904 | | 1905 | | 1906 | | 1907 | | 1908 (Chiffres provisoires et incomplets) | |
|---|---|---|---|---|---|---|---|---|---|---|---|---|
| | QUANTITÉS kilos | VALEUR francs | QUANTITÉS kilos | VALEUR francs | QUANTITÉS kilos | VALEUR francs | QUANTITÉS kilos | VALEUR francs | QUANTITÉS kilos | VALEUR francs | QUANTITÉS kilos | VALEUR francs |

#### COMMERCE GÉNÉRAL

**FANONS DE BALEINE**

*A. Bruts.*

| | | | | | | | | | | | | |
|---|---|---|---|---|---|---|---|---|---|---|---|---|
| Totales | 11.362 | 739.432 | 10.527 | 694.782 | 9.027 | 541.620 | 9.462 | 614.765 | 25.681 | 1.824.130 | 36.500 | 9.482.000 |
| En Angleterre | 3.436 | 228.630 | 3.110 | 205.850 | 6.774 | 405.440 | 6.774 | 405.440 | 9.882 | 612.694 | ? | ? |

*B. Coupés ou apprêtés.*

| | | | | | | | | | | | | |
|---|---|---|---|---|---|---|---|---|---|---|---|---|
| Totales | 14.535 | 1.264.545 | 53.066 | 2.073.940 | 36.215 | 2.989.965 | 29.336 | 2.491.629 | 30.087 | 2.702.110 | 38.600 | 3.135.900 |
| En Angleterre | 9.688 | 858.856 | 15.098 | 1.338.640 | 20.125 | 1.673.312 | 19.905 | 1.698.010 | 23.444 | 2.109.964 | ? | ? |

**IMITATIONS DE BALEINES DE CORNE**

| | | | | | | | | | | | | |
|---|---|---|---|---|---|---|---|---|---|---|---|---|
| Totales | 168.447 | 1.094.711 | 138.265 | 900.803 | 173.454 | 1.110.237 | 213.743 | 1.498.292 | 177.850 | 1.844.652 | 128.400 | 1.384.000 |
| En Angleterre | 63.420 | 412.355 | 53.137 | 345.360 | 81.482 | 570.374 | 78.472 | 549.304 | 79.364 | 416.428 | ? | ? |

**CORNES DE MÉTAIL**

*A. Bruts.*

| | | | | | | | | | | | | |
|---|---|---|---|---|---|---|---|---|---|---|---|---|
| Totales | 1.982.562 | 2.973.863 | 1.963.300 | 2.930.670 | 2.218.887 | 2.385.331 | 1.900.469 | 2.830.677 | 2.198.325 | 3.161.911 | 1.957.300 | 2.505.930 |
| En Angleterre | 609.144 | 1.213.716 | 632.671 | 980.306 | 614.295 | 921.125 | 330.590 | 451.660 | 520.742 | 796.113 | ? | ? |

*B. Préparées.*

| | | | | | | | | | | | | |
|---|---|---|---|---|---|---|---|---|---|---|---|---|
| Totales | 12.490 | 147.426 | 30.748 | 265.000 | 15.065 | 275.733 | 11.002 | 154.999 | 68.032 | 326.937 | 38.500 | 78.000 |
| En Angleterre | 1.805 | 15.906 | | | | | | | | | 17.000 | 375.000 |

#### COMMERCE SPÉCIAL

**FANONS DE BALEINE**

*A. Bruts.*

| | | | | | | | | | | | | |
|---|---|---|---|---|---|---|---|---|---|---|---|---|
| Totales | 11.329 | 717.714 | 10.527 | 694.782 | 8.899 | 535.940 | 9.049 | 598.165 | 24.973 | 1.758.110 | 35.500 | 2.980.000 |
| En Angleterre | 3.437 | 199.316 | 3.110 | 205.850 | | | 6.774 | 406.440 | 9.882 | 612.680 | ? | ? |

*B. Coupés ou apprêtés.*

| | | | | | | | | | | | | |
|---|---|---|---|---|---|---|---|---|---|---|---|---|
| Totales | 14.303 | 1.261.935 | 18.869 | 1.608.210 | 36.214 | 2.987.655 | 29.217 | 2.483.440 | 29.977 | 2.699.530 | 38.400 | 3.110.000 |
| En Angleterre | 9.688 | 858.856 | 11.606 | 577.100 | 20.325 | 1.673.312 | 19.898 | 1.693.330 | 23.444 | 2.109.964 | ? | ? |

**IMITATIONS DE BALEINES DE CORNE**

| | | | | | | | | | | | | |
|---|---|---|---|---|---|---|---|---|---|---|---|---|
| Totales | 167.439 | 1.088.364 | 138.123 | 897.989 | 173.429 | 1.839.804 | 211.005 | 1.477.261 | 177.866 | 1.843.648 | 128.300 | 1.383.000 |
| En Angleterre | 63.476 | 412.376 | 53.137 | 341.390 | 81.482 | 570.374 | 78.472 | 549.304 | 79.306 | 416.328 | ? | ? |

**CORNES DE MÉTAIL**

*A. Bruts.*

| | | | | | | | | | | | | |
|---|---|---|---|---|---|---|---|---|---|---|---|---|
| Totales | 1.856.939 | 2.761.792 | 1.835.932 | 2.743.428 | 2.017.727 | 3.688.391 | 1.900.366 | 2.720.464 | 2.606.019 | 3.009.025 | 1.812.600 | 2.723.000 |
| En Angleterre | 696.405 | 1.657.907 | 360.789 | 811.183 | 576.735 | 864.458 | 500.489 | 733.734 | 445.091 | 672.436 | ? | ? |

*B. Préparées.*

*C. Déchets ou feuilles.*

| | | | | | | | | | | | | |
|---|---|---|---|---|---|---|---|---|---|---|---|---|
| Totales | 11.929 | 225.348 | 38.733 | 83.213 | 19.054 | 41.919 | 42.350 | 90.170 | 33.500 | 72.820 | 36.000 | 72.000 |
| | | | | | 485 | 1.061 | | | | | | |
| Totales | 9.654 | 187.918 | 30.006 | 265.000 | 15.553 | 310.725 | 11.692 | 154.919 | 17.923 | 237.490 | 16.500 | 301.000 |
| En Angleterre | 1.395 | 15.966 | | | | | | | | | | |

N. B. — Dans les 1 et E l'oxide sont comprises les 1 et les E de ou en Angleterre, telles que relevées à la ligne en dessous.

## La Baleine.

Parmi les industries les plus importantes de la classe 53, il faut
citer la fabrication des Baleines.

Celles-ci sont fabriquées soit avec des fanons de baleine ou de
baleinoptère, soit avec des cornes de buffle : ces dernières sont
dites « Baleines Industrielles ».

La pêche de la baleine, complètement délaissée par nos compatriotes, était cependant pratiquée autrefois par les pêcheurs de
Nantes, de Granville et du Havre, sur les côtes de l'Australie, de
l'Afrique centrale et au sud de l'Amérique. Les Norvégiens se sont
ensuite livrés à cette pêche vers 1860, mais par suite de la baisse du
prix des huiles et des fanons, ils l'avaient abandonnée. Depuis environ
quatre ans, ils l'ont reprise et ont organisé dans le Sud de grandes
expéditions avec usines flottantes. Cette baleine pêchée dans le Sud
est dite néanmoins « North Cape », car elle paraît être la même
espèce que celle recherchée il y a deux ou trois siècles, par plusieurs
centaines de navires hollandais, anglais et français, près du
Spitzberg et même dans la mer du Nord. A cette époque, la pêche
était intensive ; les expéditions ramenaient 1.500 baleines par an :
depuis, ces cétacés avaient complètement abandonné ces parages :
ce sont eux que l'on retrouve maintenant au Sud. Les fanons de
cette baleine mesurent 2 m. 20 tandis que les fanons de la baleine
des mers arctiques, qui sont aussi plus larges, atteignent une longueur de 3 mètres.

L'utilisation industrielle des fanons de baleine remonte à la fin
du XVI⁰ siècle. Ce serait vers 1594 qu'on en aurait importé pour
la première fois en Angleterre. Un siècle après, en 1715 et 1721,
250.000 kilogrammes de ce produit entraient annuellement dans ce
pays. C'est en 1853 que les Etats-Unis apportent à la production
mondiale le maximum de leur effort, 2.563.000 kilogrammes.

Au point de vue « pêcheur » il existe deux espèces de baleines : la
baleine dite *franche*, et la baleine dite *foncière*. La première est
zoologiquement une baleine, la seconde un baleinoptère.

La valeur commerciale de la baleine franche est énorme, grâce à
ses fanons, à la qualité et à la quantité de son huile ; la valeur

commerciale de la baleine foncière est moins grande : ses fanons sont courts et de qualité inférieure, la quantité d'huile qu'elle donne est beaucoup plus faible.

La baleine franche, une fois « piquée » par le harpon fuit *franche-ment*, et morte elle flotte à la surface ; la baleine foncière au con-traire, plonge assez profondément après le coup de harpon, se retourne sur ses agresseurs, et coule lorsqu'elle est tuée.

Les pêcheurs d'autrefois se gardaient donc bien de s'attaquer à cette dernière, et tous leurs efforts se portaient sur la baleine franche qu'ils tuaient sans pitié et sans tenir compte de son âge : aussi devint-elle extrêmement rare, tandis que la baleine foncière se reproduisait en abondance.

Un baleinier norvégien eut l'idée de se servir d'un canon porte-harpon qui permit de capturer indifféremment baleines franches et baleines foncières : le harpon maintenant porte même une charge de matière explosible.

La quantité de baleinoptères ainsi capturés compense largement l'infériorité de la qualité de l'huile et des fanons. En effet, les baleines franches portent des fanons atteignant 3 mètres et dont la valeur est à peu près actuellement de 60 francs le kilogramme, tandis que la baleine foncière n'a que des fanons d'environ un mètre valant seulement 1 franc le kilogramme.

La plupart du temps, les prises sont remorquées dans les fiords où sont installées des fonderies économiques soit à terre, soit sur des pontons.

Quelquefois les petits vapeurs qui font la pêche sont accompa-gnés, principalement dans le Sud, de grands navires aménagés en véritables usines de fonderie.

Les Américains se sont en quelque sorte spécialisés dans la pêche de la baleine franche ; elle se fait dans la mer de Behring et sur les côtes de l'Alaska ; les Ecossais se sont plutôt dirigés sur les côtes du Groënland.

Mais les Norvégiens ont presque le monopole de la pêche dans les mers antarctiques, et ce sont les seuls pêcheurs sérieux de baleinoptères.

La pêche à la baleine des Américains et des Ecossais tend à dimi-nuer : de 73.000 tonnes environ qui représentaient l'armement américain, celui-ci au premier janvier 1907 n'était plus que de 8.500 environ. En 1905, les 15 baleiniers américains ont pris 55 baleines et c'était un joli succès, « fair success » ; en 1906, seulement 23 ; tandis que les Ecossais, dans les mêmes années, ne prenaient respectivement que 23 baleines en 1905 et 7 baleines en 1906.

Au contraire les pêcheries de Norvège sont en légère augmentation : la flotte de ce pays peut être évaluée à une soixantaine de petits vapeurs destinés à la pêche, et à une dizaine de grands bateaux utilisés comme usines flottantes.

La pêche donne en moyenne chaque année 10.000 tonnes d'huile, 30 à 40 tonnes de fanons de baleine franche et 250 tonnes de fanons de baleinoptère. La France absorbe environ 500 tonnes d'huile, mais notre pays est le plus grand acheteur de fanons, car il emploie environ 70 o/o de la production.

L'expédition du D$^r$ Charcot a rencontré dans le Sud une quantité innombrable de baleines foncières : elle a rapporté de précieux enseignements pour le mouillage des navires et l'emplacement des fonderies.

Le Nord est donc de plus en plus délaissé pour le Sud ; les baleiniers y rencontrent, comme nous l'avons dit, aussi bien des baleinoptères que la baleine franche.

En 1907, un seul navire à voiles américain, le « Josephinia », avait pris en vingt et un mois de campagne dans le Sud 525 barils d'huile de cachalot, 1.450 barils d'huile de baleine et 9.000 kilogrammes de fanons, soit pour une valeur d'environ 500.000 francs.

Les Chiliens se mettent aussi à la pêche de la baleine : ils ont formé une Société au capital de 1.500.000 francs. Celle-ci possède deux fabriques : une à terre et une sur un ancien vapeur ; elle dispose en outre de 4 vapeurs baleiniers. Elle avait commencé ses opérations à la fin de 1905 et au milieu de 1908 elle avait chassé environ 300 baleines ; le rendement en huile, fanons, etc., lui permettait la distribution d'un dividende de 10 o/o.

Il serait donc à souhaiter, suivant le vœu adopté par le Congrès de Bordeaux, que l'attention des milieux maritimes et de nos populations de pêcheurs soit attirée sur l'intérêt qu'il y aurait, pour la France, à entreprendre dans les mers australes avec les procédés perfectionnés récents, la chasse aux phoques et aux cétacés, et à ne pas laisser les Norvégiens ou d'autres pêcheurs profiter seuls des utiles indications rapportées sur cette pêche par l'expédition française antarctique. Du reste, la France a pris possession des Iles Kerguelen depuis une quinzaine d'années, mais n'a pas encore profité de leurs ressources spéciales,

Comme nous le disons plus haut, la plus grande partie des fanons de la baleine franche aussi bien que des baleinoptères sont importés en France et y sont travaillés pour être transformés en baleines de corsets.

Les tableaux A et B, donnant les importations et les exportations de France pour les fanons bruts et les fanons coupés et apprêtés dans les années 1903 à 1908, montrent qu'une grande partie de cette matière première passe par l'Angleterre; l'importation de 1907 a été particulièrement élevée et l'exportation des produits fabriqués en Angleterre, qui n'était que de 838.856 francs en 1903, s'est élevé à 2.109.964 francs en 1907.

Nos seuls concurrents dans ce pays sont l'Allemagne et quelques petits coupeurs de fanons établis dans les faubourgs de Londres même, mais nos produits sont particulièrement appréciés et notre commerce en profite.

La production des fanons est limitée, et la baleine qu'on tire de la baleine franche vaut de 60 à 100 francs le kilo.

La baleine tirée des fanons des baleinoptères se vend à des prix inférieurs variant de 6 à 15 francs suivant les préparations qu'on lui fait subir pour lui donner des qualités qui la rapprochent de la baleine tirée de la baleine franche.

Plusieurs maisons réputées pour leur fabrication avaient exposé à Londres :

### Mme Vve CHANUDET

Exposait une belle collection de baleines fabriquées également avec les fanons de baleines franches et baleinoptères. Cette maison recherche l'utilisation du fanon dans toutes ses applications possibles, pour la fabrication du corset et l'industrie de la couture. Médaille d'Or.

### MM. ADLER & Cie

Avaient envoyé différentes sortes et qualités de baleines tirées de fanons de cétacés et servant au baleinages des robes et corsets. Ils utilisent également ces fanons pour en faire des cannes, cravaches, fouets et différents articles de tabletterie. Médaille d'Argent.

## M. DESPREAUX JEUNE

Comme les maisons citées ci-dessus, exposait différentes sortes de baleines tirées des fanons ou de la corne. Médaille de Bronze.

## Baleine industrielle.

Mais il est encore une autre matière première qui, par ses qualités, permet une fabrication encore plus importante, sinon comme valeur, du moins comme quantité, c'est la corne de buffle des Indes d'où l'on tire la baleine industrielle.

La corne des buffles des Indes et de certaines contrées de l'Asie est la matière première employée par cette industrie essentiellement française.

En effet, tous les outils, toutes les machines employées pour transformer la corne en baleines, ont été inventés par un Français, fondateur de cette industrie. Plusieurs maisons ont ensuite fabriqué cet article en France et à l'étranger, mais l'industrie étrangère ne peut guère lutter contre l'industrie nationale et, actuellement, la France exporte, dans tous les pays les produits de cette fabrication nécessairement limitée, comme celle de la baleine véritable. Ainsi, tandis que l'Allemagne et la Belgique réussissent à importer en France, en 1907, environ 10 à 11.000 kilos chacune, nous expédions, malgré le désavantage des droits de douane, en Allemagne 37.000 kilos et en Belgique 30.500. Cette baleine, dont le prix varie de 6 à 15 francs, suivant la nature des cornes employées, le fini des qualités, etc., sert à la fabrication des corsets de prix moyen; inférieure comme solidité, elle a des qualités de ressort supérieures même à la baleine tirée des fanons et vendue à des prix bien plus élevés.

Nous donnons, pour les années 1903 à 1906, le tableau des importations et des exportations de la corne : la corne de buffle rentre environ pour la moitié dans ces chiffres.

Les importations d'Angleterre en France qui s'élevaient encore à 1.157.075 kilos en 1905 sont descendues successivement en 1906 à 556.868 kilos et en 1908 à 313.655 kilos ; cela tient à ce que, sous l'impulsion d'une des maisons les plus importantes de cette industrie, les marchandises, au lieu d'être envoyées à Londres pour rentrer en France, sont expédiées directement des ports d'origine, malgré les difficultés du fret, sur les ports français, et l'industrie française se trouve ainsi dégrevée de frais et de droits qui pouvaient la mettre en état d'infériorité pour lutter contre l'industrie allemande ou belge.

Malheureusement, cette industrie doit lutter contre les exigences de la mode, contre les difficultés d'approvisionnement ; aussi le cours de ses exportations, ainsi que l'indique le tableau, suit une marche assez irrégulière.

La corne de buffle trouve un emploi dans beaucoup d'autres métiers qui dépendent ainsi de l'industrie de la baleine ; les fabricants de baleines reçoivent en effet les cornes telles que les pays les donnent et par lots très importants ; des triages sont faits par eux dans ces lots, et certaines parties sont ensuite revendues à la fabrication du peigne, de la coutellerie, de la tabletterie, etc. Les déchets de corne qui contiennent 13 à 14 o/o d'azote sont employés comme engrais. La France, autrefois, était presque seule à les utiliser dans ses vignes, mais, depuis quelque temps, les pays étrangers achètent également ces déchets pour le même usage, et cette exportation a une tendance à augmenter chaque année.

Les deux plus importantes maisons de cette industrie étaient représentées à Londres.

## LA MAISON RAUX, CAILL & Cie

Exposait tous les genres de baleines qui sont tirés de la corne et une autre baleine composée de fanons et de liège intercalé ; le fondateur de cette société, M. RAUX est l'inventeur de cette industrie ; aussi la marque de cette maison qui s'est spécialisée dans la fabrication de la baleine et dans l'importation et le commerce de la corne, est-elle particulièrement réputée. Hors Concours comme faisant partie du Jury.

## LA MAISON PAISSEAU

Dans une vitrine des plus élégantes, avait, en même temps qu'une collection remarquable de paires de cornes, réuni des spécimens les plus intéressants de toutes les fabrications provenant de la corne de buffle ou de bœuf, des baleines pour robes et corsets, des soies de corne pour la brosserie, des plaques de corne préparées pour peignes, boutons, coutellerie, etc., de la corne transparente dite « corne à lanternes » pour lanternes, rapporteurs, lunettes, etc. Hors concours comme faisant partie du Jury.

## La Nacre.

Une autre matière provenant également de la mer, fait l'objet d'un commerce très important et qui intéresse particulièrement la France : c'est le commerce de la nacre.

La nacre est le revêtement le plus interne de certaines coquilles appelées **pintadines** ou **méléagrines**.

L'emploi de la nacre remonte à la plus haute antiquité : les Phéniciens en faisaient le trafic, les Egyptiens l'incrustaient sur leurs sarcophages et en sculptaient des colliers et des amulettes ; elle est d'un usage immémorial chez les Chinois.

Les principaux centres de pêche sont établis sur les côtes de l'Australie et dans les îles des Indes Néerlandaises.

L'Australie expédie environ 1.000.000 de kilos de pintadines qui sont pêchées principalement sur ses côtes Nord-Ouest. Chaque coquille pèse environ 300 grammes. Les Indes Néerlandaises atteignent à peu près le même chiffre de production.

La valeur de la nacre exportée par ces deux groupes de pêcheries représente environ 8 millions de francs.

Tahiti et les établissements français de l'Océanie produisent une nacre à bordure noire plus ou moins large ; ils en exportent environ 3 à 400 tonnes ; la nacre du nord de Tahiti et des îles Tuamotou vaut environ 1.500 francs la tonne, celle des lagons sud à bordure noire moins prononcée vaut environ 800 francs la tonne.

Les autres îles françaises de l'Archipel produisent aussi une quarantaine de tonnes qui sont dirigées soit sur Aukland, soit sur Papeete ; leur qualité est à peu près la même que celle de Tahiti.

La pêche de l'huître nacrière en Nouvelle-Calédonie n'a pas donné de résultats rémunérateurs, et elle s'y trouve abandonnée.

Il existe d'autres centres de pêche qui donnent des nacres d'une qualité inférieure : les huîtres perlières qui se pêchent dans le Golfe Persique et dans les parages de Ceylan donnent environ 1.800 tonnes de coquilles par an, mais cette coquille n'a qu'une valeur de 20 à 30 francs les 100 kilos et ne peut servir qu'à la fabrication des boutons communs ; les coquilles ne dépassent guère le poids de 15 à 20 grammes.

Dans le Mississipi et ses affluents, les pêcheries produisent d'énormes quantités de coquilles de nacre, mais de qualité inférieure ; en 1906, la production a atteint le chiffre considérable de 65.000 tonnes.

Les indigènes de nos établissements français de l'Océanie sont, comme ceux de l'Australie et des Indes Néerlandaises, des pêcheurs remarquables.

Malheureusement sur les 400 tonnes pêchées dans nos colonies et qui représentent une valeur d'environ 600.000 francs, une faible partie (50 tonnes environ) est dirigée sur la France directement.

La majeure partie de la production est dirigée sur Londres, par des maisons étrangères et vient s'ajouter aux stocks des autres provenances. Tous ces lots sont offerts en ventes publiques qui ont lieu tous les deux mois.

L'Industrie française, obligée de s'adresser à ce marché, lui verse ainsi un tribut d'environ 1/2 million de francs chaque année, et perd même le bénéfice d'une importation directe de produits français. Il serait donc à souhaiter que l'industrie et le commerce français fissent des efforts pour transporter le marché de cet article au Havre où à la rigueur à Marseille, malgré les difficultés du triage.

Il est à signaler que des efforts sont faits pour échapper au marché de Londres, mais ces efforts réussissent surtout à l'Amérique.

Londres, antérieurement à 1907, importait environ 80 o/o de la production nacrière.

Les pays qui travaillent la nacre essaient de se libérer du marché anglais et d'acheter directement sur les lieux de pêche : en effet, les gouvernements Hollandais et Autrichien délivrent des licences de pêche variant comme prix de 80 à 120.000 francs par an : mais ce sont des capitaux étrangers qui s'emploient ainsi sur les lieux de production de la nacre, et non les capitaux français, de même dans nos propres colonies, des maisons étrangères font de fortes avances aux plongeurs avant et après la plonge, accaparent ainsi les produits et ce sont elles qui les expédient suivant leur nationalité à Londres ou en Amérique.

Cette pêche emploie 150 petits bateaux et 4 à vapeur.

D'autres coquillages d'un prix moins élevé sont aussi employés dans l'Industrie nacrière, particulièrement les Trocas : ces coquillages qui valent de 30 à 60 francs les 100 kilos proviennent de la Nouvelle-Calédonie pour 800 tonnes, des Indes Néerlandaises, de la Nouvelle-Guinée et de Djibouti. Cette importation est exclusivement dirigée sur les ports français et sert à la fabrication des boutons de nacre : la France seule emploie 3.000.000 de kilos.

Cette importation figure au tableau A du commerce de la France et est confondue avec l'importation de la nacre proprement dite. Outre ces coquillages, la France emploie les plus belles qualités de nacre pour sa fabrication d'éventails, de coutellerie, de jumelles, etc.

Le département de l'Oise occupe dans ces industries de la nacre environ 8.000 ouvriers. Depuis quelques années, il s'est formé un centre de fabrication de boutons de nacre au Japon : 80 fabriques se sont établies qui font une concurrence acharnée à toutes les fabrications européennes, à cause du bon marché de la main-d'œuvre dans ce pays ; ce sont ces fabriques qui emploient les qualités inférieures de nacre.

La fabrication du bouton en général représente un trafic annuel d'environ 35 à 45.000.000 de francs : la France soutient la lutte en travaillant les coquillages cités plus haut. Les statistiques des douanes indiquent des importations des Indes et de Chine ; ces importations ne peuvent représenter que des coquillages servant à faire les articles de fantaisie et connus sous le nom de Burgos et de Goldfish.

Toutes les exportations de France en nacre sont, bien entendu, le résultat des triages faits dans notre pays : certaines parties des lots se trouvent ainsi réexportées pour une autre fabrication.

Plusieurs maisons françaises avaient exposé :

## ALBERT OCHSÉ

Montrait aux visiteurs une collection complète de pintadines et d'huîtres perlières de toutes les pêcheries actuellement connues, avec des modèles de toutes les applications de la nacre dans l'industrie.

Cette exposition constituait un véritable musée industriel de la nacre depuis la coquille antédiluvienne pêchée au sud de l'Australie et transformée en opale par le temps, jusqu'aux coquilles servant à la fabrication des boutons ou des différents objets de tabletterie. Cette maison est établie à Londres et à New-York. Elle a obtenu le Grand Prix.

## PORRAL (JEAN-AMÉDÉE)

Avait envoyé une collection très complète des coquillages des détroits de la Sonde, des coquilles de nacre et des écailles de tortue ; en outre plusieurs autres matières provenant des colonies, rotin, jonc, etc., etc., dont elle fait un commerce très important. Médaille d'Or.

## GRANDIN (LOUIS)

Offrait une jolie exposition d'objets en nacre pour articles de bureau, de bains de mer, de mode, de bijouterie, d'optique, d'horlogerie et de coutellerie, etc. Cette fabrication parisienne est particulièrement soignée : cette maison a obtenu une Médaille d'Argent.

# COQUILLAGES NACRÉS

| | IMPORTATIONS | | | | EXPORTATIONS | | | |
|---|---|---|---|---|---|---|---|---|
| | COMMERCE GÉNÉRAL | | COMMERCE SPÉCIAL | | COMMERCE GÉNÉRAL | | COMMERCE SPÉCIAL | |
| | QUANTITÉS kilos | VALEUR francs | QUANTITÉS kilos | VALEUR francs | QUANTITÉS kilos | VALEUR francs | QUANTITÉS kilos | VALEUR francs |

**A. Nacre de perle.**

*a) En coquilles brutes.*

K = à fr.

| | | | | | K = à fr. | | | |
|---|---|---|---|---|---|---|---|---|
| Grande-Bretagne | 1.000.238 | | 997.834 | | Grande-Bretagne 143.686 | | 114.446 | |
| Indes anglaises | 648.482 | | 640.485 | | Allemagne 292.365 | | 271.265 | |
| Indes néerlandaises | 1.660.803 | | 1.683.304 | | États-Unis 64.363 | | 61.963 | |
| États-Unis | 854.777 | | 854.777 | | Belgique 36.485 | | 36.485 | |
| Colombie | 85.628 | | 63.898 | | Espagne 20.173 | | 15.779 | |
| Allemagne | 28.492 | | 32.601 | | Turquie 11.893 | | 10.678 | |
| A. P. E. | 73.089 | | 49.444 | | A. P. E. 3.029 | | 2.974 | |
| Chine | 163.000 | | 163.000 | | | | | |
| Australie | 73.092 | | 69.765 | | 531.385 2.135.472 | | 493.546 1.924.484 |
| | 3.912.334 15.620.436 | | 3.872.308 15.690.602 | | Algérie 1.011 4.044 | | 1.011 4.044 |
| Madagascar | 81.602 | | 85.602 | | 532.379 2.120.516 | | 494.507 1.978.528 |
| Nouvelle-Calédonie | 573.980 | | 577.499 | | | | | |
| A. C. P. | 90.396 | | 90.266 | | | | | |
| | 709.966 2.426.973 | | 709.066 2.426.973 | | | | | |

**B. Nacrolides et autres coquillages propres à l'industrie.**

Divers pays étrangers 1.997 16.018 / 1.997 16.018 (Grande-Bretagne) / D. P. = 66 Allemagne et Italie...

K = à fr. 66

| | | | | | K = à fr. 66 | | | |
|---|---|---|---|---|---|---|---|---|
| Grande-Bretagne | 157.687 | | 111.369 | | Grande-Bretagne 11.761 | | 10.637 | |
| Indes anglaises | 91.630 | | 91.630 | | Belgique 14.476 | | 11.076 | |
| Indes néerlandaises | 84.379 | | 84.379 | | Égypte 9.806 | | 9.860 | |
| Allemagne | 23.411 | | 23.351 | | Allemagne 18.944 | | 1.636 | |
| Chine | 39.202 | | 39.359 | | A. P. E. 3.969 | | 1.721 | |
| A. P. E. | 80.936 | | 71.857 | | | | | |
| | 448.553 299.196 | | 423.146 323.886 | | 58.826 46.190 | | 35.716 33.044 |
| | | | | | P. = 2.313 | | | |
| | | | | | 1.447 498 | | | |
| Nouvelle-Calédonie | 261.471 | | 293.471 | | 60.073 47.658 | | 36.716 33.044 |
| Madagascar et A. C. P. | 86.085 34.467 | | | | | | | |
| | 327.556 198.333 | | 215.938 189.363 | | | | | |
| | 776.149 465.689 | | 739.084 443.536 | | 60.073 47.658 128.384 | | 36.716 128.364 |

## Perles fines.

Les perles fines se divisent en deux groupes : les perles marines et les perles d'eau douce.

Les premières se trouvent dans les huîtres perlières, assez improprement nommées ainsi, car le mollusque producteur est un lamellibranche appartenant à la famille des aviculidés et au genre Meleagrina, plus voisin des moules que des huîtres. Tandis que ces dernières sont directement soudées au rocher par une des valves de leur coquille, les avicules sont un peu plus libres : l'animal ne tient à son support que par son « byssus », sorte de faisceau de crins rigides sortant par un entre-bâillement des valves, et vivent par des fonds de 5 à 40 mètres.

L'aire de répartition des Méléagrines est très vaste : beaucoup d'auteurs pensent que l'huître perlière des diverses régions du globe appartient à l'espèce *Meleagrina margatifera*, d'autres estiment qu'il y a lieu de distinguer plusieurs espèces.

La *Méléagrine margatifère* atteint jusqu'à 30 centimètres de diamètre et dix kilogrammes en poids. C'est la véritable « mother of pearl », car elle donne en moyenne une perle sur quatre coquilles. Elle habite l'Océan Indien et l'Océan Pacifique : on la trouve dans les îles de la Sonde, les Philippines, la Nouvelle-Guinée, les îles d'Arou, dans l'archipel des Tuamotou et dans celui de Gambier, à la Nouvelle-Calédonie, en Australie, dans le canal de Mozambique, la mer Rouge, etc.

L'huître perlière de Ceylan *Meleagrina fucata* est beaucoup plus petite que la précédente : c'est celle qui produit les perles les plus estimées ; les coquilles, à cause de leur minceur, ne sont pas conservées pour la nacre et sont rejetées à l'eau souvent après que l'on a procédé à la récolte des perles.

Les huîtres perlières américaines appartiennent à d'autres espèces : dans la mer des Caraïbes, sur les côtes de l'île de Margarita, et au large des côtes septentrionales du Brésil, on pêche la méléagrine écailleuse M. *Squamulosa* ; la coquille plus foncée est aussi plus brillante.

Dans le golfe de Californie et sur les côtes occidentales d'Amérique, on trouve une huître perlière connue sous le nom de *Meleagrina californica*, les coquilles se tiennent entre 10 et 15 centimètres; la nacre est plus brillante et plus translucide que celle des mers de l'Océan Pacifique.

Sur les côtes du Japon, on pratique la culture et la pêche de la *Meleagrina Japonica*.

Les moules communes produisent quelquefois des perles : on en cite une colonie à Billiers, à l'embouchure de la Vilaine.

Les modioles récoltées sur les côtes de Norvège donnent des perles grisées dont les plus belles peuvent être utilisées.

Il existe dans les lagons du Pacifique une espèce appartenant au genre *Venus* qui, souvent, contient des perles de grande valeur. Enfin le strombe géant des Bahamas donne une perle rose très rare, qui a beaucoup d'éclat et qui atteint une certaine valeur.

Les perles d'eau-douce sont produites par les Mollusques de la famille des *Unionides* (mulettes perlières); elles se trouvent dans certains lacs et rivières des Etats-Unis, de la Chine, d'Ecosse, d'Irlande, de Norvège, de Suède, de Bohême, de Saxe, de Bavière, de Finlande et même en très petites quantités dans certaines rivières de France, telles que la Vézère.

L'origine réelle des perles fines n'est pas encore scientifiquement établie. Longtemps on a cru qu'elles étaient dues à la sécrétion de couches successives de nacre autour d'un grain de sable insinué entre la coquille et le « manteau ». Des expériences précisent tendent à détruire cette théorie et à attribuer la formation de la perle à l'envahissement de l'huître par un ver parasite, dont l'huître se débarrasserait en l'enfermant dans une série de couches nacrées de même contexture cellulaire que la nacre de la coquille elle-même. Mais la question est encore ouverte. Et elle n'est pas de minime importance, puisque de sa solution dépend celle de savoir si on arrivera ou non à produire artificiellement la perle, en faisant envahir les huîtres nacrières que l'on parquerait, par le parasite voulu et dans les conditions propres à déterminer la formation et la croissance de la perle.

Les Chinois connaissent depuis longtemps ce fait qu'un corps étranger introduit entre la face interne de la coquille et le manteau de certains bivalves se recouvre d'une assise de nacre, et qu'il se forme une production ressemblant plus ou moins à une perle.

Il existe dans la Chine orientale, au nord de Hangtchéou, une

manufacture de ces perles artificielles. Dans les lacs de ces pays
vit une mulette de grande taille : les habitants, à certaines époques,
introduisent des petits grains de nacre, de plomb, de sable entre le
manteau et la coquille ; on verse ensuite dans chaque mulette
quelques cuillerées d'écailles de poisson finement pulvérisées et
mélangées avec de l'eau, puis on les parque dans les étangs : quatre
ou cinq fois par an on y répand des excréments humains. Dix mois
après on pêche les mulettes et on en retire les grains introduits
auparavant, mais recouverts alors d'une assise nacrée très mince
qui leur donne l'aspect d'une vraie perle. 5.000 personnes doivent
à cette industrie leurs moyens d'existence. Un temple a été élevé à
son inventeur qui vivait au xiiie siècle de notre ère.

Plusieurs procédés sont employés pour pêcher les huîtres perlières, depuis les plus primitifs (la simple plongée du pêcheur nu
qui détache à la main l'huître du fond) jusqu'aux plus perfectionnés (scaphandre et dragage). On se sert même des rayons X
pour essayer de reconnaître la perle dans la coquille. Malheureusement, les moyens perfectionnés risquent de détruire rapidement
les bancs. Tous les pays intéressés ont donc fait des règlements à
ce propos, et la France en particulier pour les pêcheries de perles
de ses possessions du Pacifique, trop souvent exploitées du reste
pour le compte d'étrangers et non par nos nationaux. Mais les
règlements n'ont d'intérêt que si on en peut surveiller l'application
et, dans nos îles au moins, cela est trop rarement le cas.

Du reste, il n'y a pas toujours avantage pratique à recourir à des
moyens de pêche non rudimentaires. Une tentative faite en 1900
pour rechercher des perles dans le Golfe Persique avec un bateau à
vapeur muni d'engins spéciaux et savamment combinés, maniés par
un équipage de choix, n'a pas donné de bons résultats et l'on a
constaté que mieux valait encore acheter les perles aux pêcheurs
musulmans qui, de père en fils, exercent cette pénible et dangereuse profession.

Le mode de pêche le plus généralement adopté en Océanie est la
plonge à nu ; la plonge à l'aide du scaphandrier, autorisée à deux
reprises différentes, a toujours dû être prohibée dans la suite.

Les indigènes des îles Tuamotou peuvent passer à juste titre pour
les meilleurs plongeurs du monde ; ils descendent à plus de
30 mètres de profondeur. Ils partent le matin de bonne heure dans
leurs pirogues, ancrent leur bateau sur un pâté de corail et exa-
minent le fond de l'eau à l'aide d'un miroir de plonge : c'est une

boîte quadrangulaire, en bois, fermée à sa partie inférieure par un verre à vitre mastiqué avec soin : ce miroir permet, par suite de la transparence de l'eau des lagons, de distinguer tous les détails dans les fonds de moins de 12 mètres.

Sitôt que l'indigène a reconnu la présence d'une ou de plusieurs huîtres perlières, il se prépare à plonger. Pour cela il s'assied sur le bord de son embarcation, aspire l'air avec force ; quand ses poumons sont remplis d'air, il se laisse glisser, les deux pieds les premiers et descend verticalement jusqu'à la profondeur de 5 à 6 mètres ; à ce moment il s'arrête, se retourne et descend la tête la première par des mouvements des bras et des jambes. Arrivé au fond, le plongeur arrache les huîtres perlières, dont il a reconnu la présence à l'aide de son miroir, et remonte à la surface pour les ouvrir sans retard.

Il n'existe aucun signe extérieur permettant de reconnaître si une huître perlière renferme ou non des perles ; néanmoins celles-ci sont plus fréquentes dans les méléagrines dont la coquille est mal conformée ou minée par des animaux perforants.

On distingue deux sortes de perles : les perles fines libres à l'intérieur des tissus du mollusque et les perles de nacre, adhérentes à la coquille.

Commercialement parlant, les perles se classent soit selon leur forme, soit selon leur couleur.

Selon leur provenance, on les dit perles des Indes (appellation commune à toutes les perles orientales), Perles de Panama, d'Australie, de Venezuela, de Californie, d'Ecosse.

Selon la forme, la perle est dite ronde, bouton, poire ou pendeloque, monstre. Les très petites sont appelées semences de perles. On nomme « chicots » les perles de nacre adhérentes à la coquille et qu'il faut en détacher par amputation, ce qui diminue leur valeur, tandis que la perle proprement dite est libre à l'intérieur des tissus du mollusque.

Les couleurs des perles sont très variées. Celles provenant des coquilles de mer sont blanches, grises ou noires, mais avec des nuances très nombreuses, allant du blanc mat, rose bleuâtre, ou jaunâtre au noir vert foncé.

Les perles d'eau douce sont également très variées de couleur, blanc opaque, gris, jaune, rose, saumon, cuivre accentué. Leur transparence est plus grande que celle des perles marines, mais c'est souvent aux dépens de leur vivacité de ton.

Les perles noires sont très estimées et leurs qualités supérieures, très rares, ont une grande valeur.

La valeur d'une perle dépend tout ensemble de sa forme, de sa couleur, de sa pureté, de son éclat, ou « orient ».

Les perles sont expédiées des lieux d'origine, soit en lots, c'est-à-dire telles que pêchées, soit en masses, c'est-à-dire percées avant leur envoi. Dans ce dernier cas, elles sont enfilées sur une soie blanche ou bleue, et les rangs sont réunis par un ruban ou une houppe en soie. En Europe, les acheteurs procèdent à un nouveau classement des lots et des masses, et chaque perle est évaluée, suivant sa forme, sa couleur, sa grosseur et sa qualité.

Les perles rondes servent surtout à faire des colliers. Les perles boutons sont utilisées pour certaines parures spéciales ; les baroques et les monstres (c'est-à-dire très grosses et bizarres de forme) pour des bijoux de fantaisie, surtout d' « art nouveau ».

La demi-perle obtenue par le sciage au moyen de machines très perfectionnées, est devenue un article presque exclusivement parisien. On s'en sert pour la bijouterie courante et aussi pour la bijouterie de luxe. On en exporte de Paris de grandes quantités sur Londres et Birmingham, l'Allemagne, New-York.

Depuis 1889, la mode étant à la Perle, la valeur de ce produit a beaucoup augmenté. Comme elle ne paye aucun droit d'entrée, il est bien difficile de savoir au juste ce qui s'en importe en France. La statistique des douanes donne de 7 à 8 millions de francs en 1907, mais ce chiffre est loin d'être exact.

Autrefois, le marché à peu près unique pour la perle était Londres. Paris, depuis plusieurs années, a pris une très grande importance dans ce commerce et des relations directes se sont établies avec les pays d'origine.

L'importation totale des perles peut être évaluée à 120 millions de francs provenant directement des Indes et de l'Australie. Londres importe peut-être pour 80 millions, et Paris pour 40, mais la plus grande partie des lots importés à Londres reviennent à Paris pour être ensuite réexportés dans tous les pays : c'est à Paris que se trouve le véritable négoce de la perle, et que se font les classements définitifs.

Nous donnons néanmoins le tableau statistique officiel pour 1907 du commerce des perles.

# IMPORTATIONS

## PERLES FINES

1 grain = 60 fr.

| | COMMERCE GÉNÉRAL | | COMMERCE SPÉCIAL | |
|---|---|---|---|---|
| | QUANTITÉS | VALEUR | QUANTITÉS | VALEUR |
| | kilos | francs | kilos | francs |
| Grande-Bretagne..... | 33.688 | | 36.688 | |
| Etats-Unis........... | 36.470 | | 33.470 | |
| Colombie............ | 43.218 | | 43.218 | |
| Allemagne........... | 12.359 | | 12.359 | |
| Vénézuéla........... | 7.824 | | 7.824 | |
| A. P. E............... | 8.924 | | 8.924 | |
| | 132.483 | 7.930.980 | 132.483 | 7.930.980 |

# EXPORTATIONS

## PERLES FINES

1 grain = 60 fr.

| | COMMERCE GÉNÉRAL | | COMMERCE SPÉCIAL | |
|---|---|---|---|---|
| | QUANTITÉS | VALEUR | QUANTITÉS | VALEUR |
| | kilos | francs | kilos | francs |
| Grande-Bretagne..... | 39.847 | | 39.847 | |
| Etats-Unis........... | 41.248 | | 41.248 | |
| Allemagne........... | 5.128 | | 5.128 | |
| Espagne............ | 235 | | 235 | |
| | 86.458 | 5.187.480 | 86.458 | 5.187.480 |

Exposant :

## M. RANOWITZ

qui présentait des perles de différentes provenances. Hors concours, membre du Jury.

## Perles en imitation.

La perle fine a été imitée, et cela grâce à un produit de la pêche : l'écaille d'ablettes. Cette industrie de perles en imitation est une industrie presque exclusivement parisienne.

Au commencement du VII° siècle, les Chinois savaient déjà faire des perles artificielles, mais leur procédé a été oublié.

L'essence qui donne à des perles de verre l'orient et le brillant de la nacre est faite avec des écailles d'ablettes, pêchées surtout dans les mers du nord de l'Europe, mais elle exige dans sa préparation des soins spéciaux que chaque fabricant garde secrets. Ces écailles d'ablettes sont grattées sur le poisson frais, légèrement salées dans des tonnelets ou des boîtes en fer-blanc. A la suite de diverses préparations, ces écailles produisent un résidu brillant : celui-ci peut être conservé indéfiniment ; et, mélangé dans des proportions convenables à la gélatine, il donne aux perles fausses un orient qui les fait tout à fait ressembler aux perles fines.

On a essayé de remplacer chimiquement ce produit naturel, connu sous le nom d'« essence d'orient », mais sans succès ; il est impossible actuellement de fabriquer une belle imitation de perles fines sans avoir recours aux écailles d'ablettes ou de quelques autres petits poissons similaires. Cette industrie remonte, croit-on, en Europe, à 1680 : un fabricant de chapelets du nom de Jacquin (patenôtrier) faisait un jour laver des ablettes dans un bassin : il remarqua que l'eau s'argentait par suite des écailles que le frottement détachait des poissons.

A la suite de cette observation, il recueillit ces écailles, arriva à composer une teinture que l'on appelle sans en connaître la raison « Essence ou extrait d'Orient » et à fixer cette teinture à l'intérieur de petites boules de verre soufflé.

Ce procédé est encore employé aujourd'hui dans la fabrication des perles creuses. Un autre procédé consiste à employer des boules pleines d'émail ou de toute autre matière appropriée et de recouvrir ces boules de couches successives d'un mélange de gélatine et d'essence d'orient.

Chacun de ces procédés a ses avantages et ses inconvénients, et donne, l'un des perles fragiles, l'autre des perles plus facilement altérables. Mais ces deux genres de perles ont trouvé leur emploi aussi bien dans la bijouterie et la joaillerie, que dans les articles d'ornement ou de mode.

La France, et particulièrement Paris, sont à la tête de cette industrie : les maisons françaises luttent avantageusement contre la concurrence étrangère dont les produits, bien meilleur marché, sont aussi très inférieurs.

### M. PAUL PERDRIZET

Avait exposé des colliers de perles à base de nacre et à base d'émail, des épingles pour cravates, châles et chapeaux, puis une nouvelle sorte de perles, dites « Aéroperles », très légères quoique très solides. La spécialité de cette maison est de livrer des perles d'une très grande solidité en même temps qu'inaltérables.

Le Jury lui a décerné une Médaille d'Or.

## L'Ecaille.

L'écaille si recherchée provient de la carcasse de la grande tortue de mer ; on la trouve à différents endroits du globe : aux Antilles, aux Indes, à Madagascar, à Zanzibar, aux Philippines et sur les bords de la mer Rouge.

Le marché principal de l'écaille est à Londres, mais différents autres ports en reçoivent, notamment Amsterdam, le Havre, Marseille et Bordeaux. Il est malheureusement difficile de se soustraire à l'attraction du marché de Londres ; les banques anglaises disséminées sur tous les points du globe, ont intérêt à y envoyer des marchandises pour opérer leurs retours d'argent, et les courtiers toujours désireux d'étendre leur clientèle essaient de faire des premiers classements de l'écaille pour en faciliter l'achat.

Les plastrons blonds, par exemple, sont réunis dans un même lot, un autre lot sera composé de marchandises saines, et un autre de marchandises moins saines.

Ce classement est d'ailleurs bien loin de suffire et les acheteurs en font ensuite beaucoup d'autres ; mais tel qu'il est il a permis aux courtiers de diriger leurs achats sur telle ou telle sorte, dont le besoin se fait sentir au moment de la vente.

Le travail de l'écaille est très complexe, et il exige un très long apprentissage.

Le premier travail, le dépeçage, est opéré sur les lieux de pêche : l'intérieur, c'est-à-dire l'animal, fournit une nourriture assez appréciée ; on sépare au feu les feuilles qui forment la carapace et le ventre en ayant soin de ne pas brûler l'écaille.

L'écaille fournit par la carapace est brune, tachée de clair, c'est l'écaille jaspée ; celle du ventre est l'écaille blonde : celle-ci est beaucoup plus mince, plus difficile à travailler, sa valeur est aussi plus grande.

La carapace et le plastron du ventre sont réunis par des morceaux appelés onglons qui sont, eux aussi, jaspés sur le côté et blonds en dessous.

Les écailles ainsi séparées sont mises en caisses et envoyées sur les différents ports.

L'Angleterre, l'Allemagne, les Etats-Unis, l'Autriche et surtout l'Italie et la France consomment et manufacturent l'écaille.

Paris est incontestablement la première place du monde pour la consommation et la fabrication de l'écaille : les ouvriers sont les maîtres du genre par le fini qu'ils savent donner à chaque objet.

Les Napolitains sont des ouvriers très habiles et savent également tirer un parti très adroit de l'écaille : mais la différence de prix entre la production des deux pays provient surtout de ce que les Italiens doublent l'écaille de corne ; dans un objet qui paraît en écaille et dont l'extérieur en offre toute l'apparence, l'intérieur est

## ÉCAILLES DE TORTUES

### A. Carapaces, onglons et caouannes.

**IMPORTATIONS** — K = 70 fr.

| | Commerce général | | Commerce spécial | |
|---|---|---|---|---|
| | Quantités (kilos) | Valeur (francs) | Quantités (kilos) | Valeur (francs) |
| Grande-Bretagne........ | 12.480 | | 12.480 | |
| Possessions angl. d'Afrique | 2.841 | | 464 | |
| République Argentine | 8.300 | | 8.300 | |
| A. P. E. ............ | 6.538 | | 5.296 | |
| | 30.159 | 2.111.430 | 26.340 | 1.857.800 |
| Madagascar et A. C. P. | 2.721 | 190.470 | 1.762 | 123.340 |
| | 32.880 | 2.301.600 | 28.302 | 1.981.140 |

D. P. = — 1.272

**EXPORTATIONS** — K = 56 et 70 fr.

| | Commerce général | | Commerce spécial | |
|---|---|---|---|---|
| | Quantités (kilos) | Valeur (francs) | Quantités (kilos) | Valeur (francs) |
| Grande-Bretagne...... | 5.174 | | 1.663 | |
| Allemagne...... ...... | 9.806 | | 379 | |
| Belgique et autres pays | 499 | | 99 | |
| | 6.719 | 440.355 | 2.141 | 119.895 |

### B. Rognures.

**IMPORTATIONS** — K = 4 fr. 50

| | Commerce général | | Commerce spécial | |
|---|---|---|---|---|
| | Quantités (kilos) | Valeur (francs) | Quantités (kilos) | Valeur (francs) |
| Divers pays étrangers | 1.045 | 4.368 | 977 | 4.337 |

D. P. = 35

**EXPORTATIONS**

| | Commerce général | | Commerce spécial | |
|---|---|---|---|---|
| | Quantités (kilos) | Valeur (francs) | Quantités (kilos) | Valeur (francs) |
| Allemagne et Italie... | 1.293 | 7.074 | 1.255 | 6.903 |

en corne : celle-ci se soude comme l'écaille et peut ainsi se marier avec elle.

Nous donnons (page 139) le tableau d'importation et d'exportation de l'écaille pour l'année 1907 : dans ces tableaux, la République Argentine est portée pour un chiffre qui paraît tout à fait extraordinaire et doit s'appliquer à une autre matière.

## Le Corail.

Jusqu'au siècle dernier, la nature du corail n'était pas connue : en effet le corail est la dépouille solide des polypes, animaux sous-marins dont la vie en commun sous une peau commune, est un des faits les plus singuliers de la nature. Ce Zoophyte est formé de deux parties bien distinctes, l'une centrale, dure, cassante, de nature pierreuse, l'autre semblable à une écorce molle et charnue, facile à entamer avec l'ongle quand elle est fraîche, et pulvérulente quand elle est sèche : c'est la couche animale formée par les polypes. On travaille la partie calcaire.

De tous temps, le corail a été employé comme parure : ses teintes varient du rouge plus ou moins foncé jusqu'au blanc pur, en passant par le rose, le rose taché de blanc et le blanc taché de rose.

La couleur rose étant très rare est la plus recherchée pour la bijouterie, et il faut quelquefois plusieurs années pour assortir les perles d'un collier dans cette teinte extraordinairement variée.

Les principaux bancs de corail exploités sont situés dans les eaux de la Sicile. La production des bancs situés sur les côtes de l'Algérie et de l'Espagne et des îles du Cap Vert est peu importante : la pêche y est difficile et coûteuse.

Il ne faut pas confondre ce corail ouvrable avec les bancs de coraux de l'océan Indien qui ne sont que des rochers madréporiques. D'autres bancs sont exploités au Japon : le corail est plus compact que celui de la Méditerranée et donne des couleurs roses d'une grande rareté.

Les pêcheurs Siciliens et Maltais qui récoltent le corail se contentent d'un salaire minime pour un métier extrêmement pénible :

# CORAIL

## IMPORTATIONS

### A. Brut.

K = 120 fr.

| | COMMERCE GÉNÉRAL | | COMMERCE SPÉCIAL | |
|---|---|---|---|---|
| | QUANTITÉS kilos | VALEUR francs | QUANTITÉS kilos | VALEUR francs |
| Grande-Bretagne | » | » | » | » |
| Italie | 2.856 | | 1.192 | |
| Japon | 3.677 | | | |
| A. P. E. | 305 | | 20 | |
| | 6.838 | 820.560 | 1.212 | 145.440 |

D. P. = 1

### B. Taillé non monté.

K = 175 fr.

| | COMMERCE GÉNÉRAL | | COMMERCE SPÉCIAL | |
|---|---|---|---|---|
| | QUANTITÉS kilos | VALEUR francs | QUANTITÉS kilos | VALEUR francs |
| Grande-Bretagne | 2.626 | » | 357 | » |
| Italie | 5 | | | |
| A. P. E. | | | 5 | |
| | 2.631 | 1.249.725 | 362 | 171.950 |

## EXPORTATIONS

### A. Brut.

K = 75 et 120 fr.

| | COMMERCE GÉNÉRAL | | COMMERCE SPÉCIAL | |
|---|---|---|---|---|
| | QUANTITÉS kilos | VALEUR francs | QUANTITÉS kilos | VALEUR francs |
| Grande-Bretagne | 775 | | 138 | |
| Italie | 3.851 | | 144 | |
| Grèce et A. P. E. | 1.302 | | 302 | |
| | 5.928 | 697.770 | 302 | 22.630 |
| Établissements français Côte Occidentale d'Afrique | 646 | | 646 | |
| A. C. P. | 12 | | 12 | |
| | 658 | 49.350 | 658 | 49.350 |
| | 6.586 | 747.120 | 960 | 72.000 |

### B. Taillé non monté.

K = 350 et 475 fr.

| | COMMERCE GÉNÉRAL | | COMMERCE SPÉCIAL | |
|---|---|---|---|---|
| | QUANTITÉS kilos | VALEUR francs | QUANTITÉS kilos | VALEUR francs |
| Grande-Bretagne | » | » | » | » |
| Italie | 45 | | 44 | |
| | 45 | 34.675 | 44 | 24.200 |
| Algérie | 1.679 | | | |
| Autres Colonies françaises, Côte Occidentale d'Afrique | 589 | | | |
| | 2.268 | 1.077.300 | | |
| | 2.313 | 1.101.975 | 44 | 24.200 |

les pêcheurs français et algériens qui peuvent s'employer à des travaux plus rémunérateurs, négligent donc cette ressource de leurs côtes.

Ce sont les habitants des environs de Naples qui travaillent cette pierre. Des familles entières s'y emploient pour un salaire très modique, aussi il est impossible d'introduire cette industrie en France, mais il y a intérêt pour les maisons françaises à faire travailler à façon le corail en Italie, afin de pouvoir l'offrir ensuite à la bijouterie parisienne qui l'emploie ; nous cessons ainsi d'être tributaires des négociants étrangers. Le corail sert aussi de marchandise d'échange dans l'intérieur de l'Afrique, et tous les explorateurs des bords du Niger et du Tchad emportent ainsi une valeur qui, sous un petit volume, remplace la monnaie et leur permet de gagner à leur cause les chefs noirs de ces régions.

Les tableaux suivants pour 1906, donnent les détails du commerce du corail en ce qui touche la France.

### LA MAISON MAC PHERSON ET BILLY

Exposait deux catégories d'articles provenant les uns de l'écaille, les autres du corail : en écaille elle présentait un choix varié de peignes et différents articles de coiffure, de brosserie, de tabletterie, lunetterie, etc. ; en corail elle offrait des coraux taillés pour le commerce africain, et en même temps tout ce que la bijouterie peut demander à cette matière pour répondre aux désirs de la clientèle.

Elle a obtenu une Médaille d'or.

# Les Eponges.

L'éponge constitue le squelette corné, en forme de réseau, d'animaux charnus. Il faut donc la débarrasser tout d'abord de cette substance vivante avant de pouvoir l'utiliser. Pour cela on la plonge pendant 24 heures dans un bain d'acide sulfurique de 4 à 6 degrés, puis, une fois rincée, successivement dans un bain de permanganate de potasse et dans un autre d'hyposulfite de soude. Après quoi un dernier bain d'eau de chaux leur donne leur couleur jaune uniforme.

Les éponges se trouvent dans la Méditerranée (côtes de Syrie, Tripoli, Tunisie, Candie, les Archipels grecs et turcs), dans la mer Rouge et, en Amérique, à Cuba, en Floride, dans le golfe du Mexique.

Commercialement on les classe en quatre catégories :

1° Les éponges fines pour la toilette, dénommées douces de Syrie ou douces de l'Archipel ; elles représentent environ 1/4 du rendement en éponges de la Méditerranée ;

2° Les éponges de Venise, également pour la toilette, dites fines, blondes de Syrie ou communes blondes de l'Archipel comptant pour les 3/8 du même rendement ;

3° Les éponges pour voitures, dites Gélines de Barbarie ou brunes de Barbarie, ou de Salonique ;

4° Les éponges ordinaires, servant pour les usages industriels ou les pansements, dites fines, ou douces de Syrie (chimousse) comptant aussi pour les 3/8.

Les espèces pêchées en Amérique portent les noms de Sheepswood (laine), velvet (velours), hard head (tête dure), grass (herbe), glove (gant) : elles rentrent naturellement dans les mêmes catégories que celles pêchées dans la Méditerranée et le Levant. Mais les éponges d'Amérique sont d'une qualité très inférieure à celle des espèces méditerranéennes. A raison toutefois de leur bas prix, elles trouvent en France un grand écoulement.

Les centres commerciaux d'approvisionnement des éponges sont pour celles de Syrie, Tripoli, Beyrouth, Jaffa ; pour celles des îles grecques et de la côte d'Afrique, Segni, Argésie, Hydra ; pour les éponges communes tripolitaines, Sfax, Tripoli. Les éponges américaines s'achètent à Bautabano, Cuba, Nassau (Bahama).

En Algérie, la pêche des éponges n'est pas assez rémunératrice pour être suivie d'une façon régulière ; la Tunisie, au contraire, tire un revenu important de son exploitation. Le vaste plateau herbeux que recouvrent les eaux du golfe de Gabès est tapissé de bancs spongifères dont les produits sont appréciés sinon pour leur finesse, du moins pour leur solidité et la durée de leurs services.

On n'a pas encore trouvé le moyen pratique de pêcher l'éponge au delà de 35 à 40 mètres ; aussi toute une partie du golfe de Gabès reste inexploité, ce qui peut constituer une réserve pour l'avenir. La pêche est faite par des Arabes et des Siciliens qui se servent du trident, et par des Grecs qui emploient le Gangara ou drague et le scaphandre : ces derniers engins sont prohibés pendant les mois de novembre et de décembre, époque que l'on considère comme celle de la reproduction du Zoophyte.

Sfax est le centre le plus actif du commerce de l'éponge dans ces parages.

La France consomme les éponges fines en provenance de Syrie, de Tripoli, de Tunisie, et les éponges communes de Syrie, de Benzari et de Bomba.

On pêche l'éponge soit à la plongée (par le pêcheur nu, qui la détache à la main), soit au scaphandre, soit au chalut, soit au trident. Ce dernier procédé est employé de préférence par les Grecs, les Siciliens et les Américains. La pêche à la plongée, si pénible, est pratiquée surtout par les Arabes sur les côtes de Syrie.

La pêche au scaphandre et celle au chalut, plus faciles et plus productives, ont le grave inconvénient, comme pour les huîtres perlières, de menacer les bancs d'éponges d'un rapide épuisement, si bien que, là aussi, on étudie les moyens d'arriver à une culture artificielle de ces animaux au squelette si utile, soit par bouturage, c'est-à-dire en plaçant dans des courants marins convenablement établis, des fragments coupés sur des éponges entières présentant certaines qualités, soit en recueillant sur des supports faciles à déplacer dans l'eau marine, des larves d'éponges comme on recueille du naissain d'huîtres. Mais, jusqu'à ce jour, la spongiculture, elle non plus, n'est pas arrivée à des résultats pratiques bien appréciables et certains. Les bancs continuent à s'épuiser, malgré les réglementations nouvelles qui fixent les limites de la pêche pour chaque saison, de manière à constituer des « réserves » où les éponges auraient le temps de croître. Si on savait au juste le temps moyen au moins de leur croissance, on pourrait aviser plus utilement. Mais on est encore à court de données exactes sur ce point et tel assure que l'éponge devient marchande au bout de trois mois, alors que tel autre fixe ce délai à trois ans et même sept ans.

Tant que la biologie de ces animaux ne sera pas mieux connue, il semble aussi difficile de faire sérieusement de la spongiculture artificielle que de réglementer l'usage des bancs naturels.

Les résultats des importations et des exportations d'éponges tant brutes que préparées ont été les suivants en 1889, 1899, 1907 :

| ANNÉES | IMPORTATIONS | | EXPORTATIONS | |
|---|---|---|---|---|
| | QUANTITÉS | VALEUR | QUANTITÉS | VALEUR |
| | kilos | francs | kilos | francs |
| 1889.......... | 315.989 | 6.055.824 | 44.388 | 1.597.968 |
| 1899.......... | 334.128 | 7.485.373 | 55.596 | 2.322.436 |
| 1907.......... | 293.636 | 9.054.186 | 53.589 | 2.055.915 |

Il est fâcheux que les droits d'entrée qui pèsent sur ce produit, qui en est exempt dans les autres pays, soient si défavorables pour la réexpédition des éponges brutes et préparées : ils nous empêchent de lutter contre la concurrence de l'étranger.

# IMPORTATIONS — EXPORTATIONS

## ÉPONGES

### A. Propres à la médecine et à la parfumerie.

#### a. Brutes.

**IMPORTATIONS** — K = 30 fr.

| Pays | COMMERCE GÉNÉRAL QUANTITÉS (kilos) | COMMERCE GÉNÉRAL VALEUR (francs) | COMMERCE SPÉCIAL QUANTITÉS (kilos) | COMMERCE SPÉCIAL VALEUR (francs) |
|---|---|---|---|---|
| Grande-Bretagne | 25.009 | | 22.499 | |
| Grèce | 121.005 | | 7.891 | |
| Turquie | 137.415 | | 8.463 | |
| Cuba | 140.038 | | 46.846 | |
| États-Unis | 78.362 | | 63.864 | |
| Allemagne | 21.396 | | 18.610 | |
| Pays-Bas | 19.429 | | 18.956 | |
| Italie | 8.397 | | 8.363 | |
| A. P. E. | 16.921 | | 12.566 | |
| | 367.972 | 17.039.160 | 210.062 | 6.301.860 |
| Algérie | 29 | | 29 | |
| Tunisie | 90.636 | | 76.336 | |
| | 90.665 | 2.719.930 | 76.365 | 2.290.950 |
| | 638.637 | 19.759.110 | 286.427 | 8.592.810 |

**EXPORTATIONS** — K = 31 et 30 fr.

| Pays | COMMERCE GÉNÉRAL QUANTITÉS (kilos) | COMMERCE GÉNÉRAL VALEUR (francs) | COMMERCE SPÉCIAL QUANTITÉS (kilos) | COMMERCE SPÉCIAL VALEUR (francs) |
|---|---|---|---|---|
| Grande-Bretagne | 257.271 | | 2.200 | |
| Belgique | 28.931 | | 6.413 | |
| Pays-Bas | 14.101 | | 1.737 | |
| Allemagne | 9.531 | | 1.751 | |
| Italie, Grèce, Espagne | 15.221 | | 1.898 | |
| A. P. E. | 3.972 | | 2.030 | |
| | 369.047 | 11.087.439 | 16.029 | 496.899 |
| Algérie et Tunisie | 1.156 | | 1.156 | |
| Indo-Chine et A. P. E. | 550 | | 550 | |
| | 1.706 | 32.886 | 1.706 | 32.886 |
| | 370.753 | 11.140.325 | 17.733 | 549.785 |

#### b. Préparées.

**IMPORTATIONS** — K = 64 fr.

| Pays | COMMERCE GÉNÉRAL QUANTITÉS (kilos) | COMMERCE GÉNÉRAL VALEUR (francs) | COMMERCE SPÉCIAL QUANTITÉS (kilos) | COMMERCE SPÉCIAL VALEUR (francs) |
|---|---|---|---|---|
| Grande-Bretagne | 1.172 | | 807 | |
| Belgique | 3.079 | | 4.558 | |
| Italie et A. P. E. | 3.424 | | 1.452 | |
| | 9.675 | 619.200 | 6.817 | 436.288 |
| Tunisie | 392 | 25.008 | 392 | 25.088 |
| | 10.067 | 644.208 | 7.209 | 461.376 |

D. P. = 565

**EXPORTATIONS** — K = 95 et 64 fr.

| Pays | COMMERCE GÉNÉRAL QUANTITÉS (kilos) | COMMERCE GÉNÉRAL VALEUR (francs) | COMMERCE SPÉCIAL QUANTITÉS (kilos) | COMMERCE SPÉCIAL VALEUR (francs) |
|---|---|---|---|---|
| Grande-Bretagne | 601 | | 488 | |
| Belgique | 4.952 | | 3.632 | |
| Allemagne | 1.119 | | 1.119 | |
| Suisse, Portugal, Espagne | 3.672 | | 2.535 | |
| Égypte | 464 | | 464 | |
| Républ. Arg. et Chili | 3.628 | | 3.628 | |
| A. P. E. | 2.613 | | 2.336 | |
| | 17.049 | 1.531.398 | 14.202 | 1.349.190 |
| Algérie et Tunisie | 1.070 | | 1.070 | |
| Sénégal, Indo-Chine et A. C. P. | 594 | | 582 | |
| | 1.664 | | 1.632 | |
| | 18.713 | 1.689.106 | 15.834 | 1.506.130 |

A + B = 293.636 kilos valant 9.054.186 fr.

A + B = 33.569 kilos valant 2.033.915

# PRODUITS DE LA PÊCHE
## pour les utilisations industrielles

Une industrie a su tirer un parti inattendu de la pêche : c'est l'industrie pharmaceutique. Grâce à de savantes recherches, le D$^r$ Leprince, retire de la laitance de poisson, hareng ou maquereau quand le premier fait défaut, de l'acide nucléinique pur ($C^{10}$ $H^{34}$ $Az^{14}$ $P^4$ $O^{27}$). Cette substance très riche (19,63 o/o) en phosphore organique est un reconstituant puissant.

La préparation à l'état de pureté parfaite se trouvait entourée de telles difficultés que son prix devenait pour ainsi dire prohibitif.

Le D$^r$ Leprince a réussi à installer un procédé breveté d'extraction et de purification qui permet un rendement régulier et à des prix vraiment abordables. Cette maison traite environ 30 tonnes de laitance par an et utilise une matière première qui, auparavant, était jetée à l'eau :

Le D$^r$ Leprince exposait aussi un compte œufs de Salmonidés qui rend l'opération des plus commodes et des plus rapides. Hors Concours. Président du Jury.

Nous dirons seulement quelques mots des produits ci-dessous dérivant directement de la pêche.

Les huiles et graisses de poissons donnent lieu à un commerce important. Les huiles de baleine, de cachalot, de phoque et de morue sont employées pour le graissage des machines et le corroyage des pelleteries.

L'huile de morue est connue comme médicament.

L'huile de baleine est importée pour près de 3oo.ooo francs et surtout d'Angleterre (448.270 kilos sur 537.187) ; la vente en France a même augmenté depuis 1900, alors que nos achats globaux ont, au contraire, diminué de près de 200.000 kilos.

L'huile de morue est entrée en 1907 (non compris ce qui nous est venu de Saint-Pierre et Miquelon et de la Grande Pêche, 1.100.000 kilos) pour 2.724.315 kilos valant 4 millions 500.000 francs. L'importation de 1900 avait été sensiblement plus forte en quantité (3.500.000 kilos), mais inférieure de près de moitié en valeur, le prix de ce produit étant passé, entre ces deux années, de 0.65 à 1.65. L'Angleterre est, là encore, notre plus gros fournisseur (1.086.628 kilos en 1907, contre 492.000 en 1900). Les Pays-Bas viennent après, avec 626.000 kilos, puis la Norvège avec seulement 68.000 kilos. On s'attendrait à trouver ce dernier pays en meilleur rang, de même que pour l'huile de baleine, dont il ne nous a vendu que 40.000 kilos en 1907, sur à peu près 450.000. Cela tient à ce que, pour ces matières comme pour beaucoup d'autres, l'Angleterre est un vaste entrepôt où tout arrive d'abord se centraliser de tous les points de production, pour se répartir ensuite sur les différents marchés selon les besoins supposés ou les demandes effectives. Nous exportons un peu d'huile de morue, pour 100.000 francs environ, probablement à l'état de médicament spécialement préparé.

Nous sommes acheteurs pour près de 3.000.000 de francs des diverses autres huiles de poissons (phoque, hareng, sardine...) en augmentation de plus du double sur 1900. L'Angleterre, qui nous fournissait alors le quart (380.000 kilos sur 1.300.000) a presque triplé sa part absolue et tient le premier rang relatif en Europe, avec 1.178.805 kilos, valant 1.060.000 francs. Mais notre Indo-Chine la dépasse sensiblement, puisqu'elle nous en a vendu 1.723.000 kilos valant 1.550.000 francs. Nous en exportons par ailleurs une quantité digne d'être notée, 347.000 kilos en 1907, valant 312.000 francs dont 13.000 kilos dans nos Colonies, en augmentation sur 1900 où on ne relève que 98.504 kilos valant 98.000 francs.

La colle de poisson donne lieu à des transactions assez sérieuses puisque nous en avons acheté en tout 75.000 kilos en 1907, valant 2.100.000 francs. Si l'Angleterre figure là pour 28.700 kilos et les Etats-Unis pour 11.000 kilos, notre Indo-Chine fait très bonne figure avec 20.000 kilos valant 560.000 francs. Et nous sommes ici plus gros exportateurs qu'importateurs : 83.000 kilos valant 2.300.000 francs, nos principaux clients étant la Belgique (32.800 kilos) et l'Espagne (27.000 kilos) ; l'Algérie nous achète aussi près de 9.000 kilos, valant 235.000 francs. Nos exportations comme nos importations totales ont, du reste, presque doublé depuis 1900, en quantités comme en valeur (ce produit vaut, il faut le dire, maintenant 28 francs au lieu de 20 francs jadis) et la part relative de l'Angleterre a suivi à peu près la même proportion.

Le blanc de baleine et le blanc de cachalot ne sont pas un très gros élément de notre commerce avec l'étranger (une trentaine de mille francs à l'importation en 1907) non plus que les vessies natatoires de poissons (même chiffre à peu près).

# IMPORTATIONS EN FRANCE — EXPORTATIONS DE FRANCE

| | QUANTITÉS IMPORTÉES 1900 | QUANTITÉS IMPORTÉES 1907 | VALEUR DES IMPORTATIONS 1900 (francs) | VALEUR DES IMPORTATIONS 1907 (francs) | QUANTITÉS EXPORTÉES 1900 | QUANTITÉS EXPORTÉES 1907 | VALEUR DES EXPORTATIONS 1900 (francs) | VALEUR DES EXPORTATIONS 1907 (francs) |
|---|---|---|---|---|---|---|---|---|
| **BLANC DE BALEINE ET DE CACHALOT** | | | | | | | | |
| *A. Brut.* | 3 fr. 50 kilos | 3 fr. 40 | | | | | | |
| I. Totales | 14 | » | » | 49 | » | » | » | » |
| I. D'Angleterre / E. en Angleterre | » | » | » | » | » | » | » | » |
| *C. Raffiné.* | 3 fr. 50 kilos | 3 fr. 10 | | | 3 fr. 70 kilos | 3 fr. 50 | | |
| I. Totales / E. Totales | 3.412 | 8.434 | 11.942 | 27.636 | 612 | 290 | 2.144 | 1.017 |
| I. D'Angleterre / E. en Angleterre | 411 | » | 1.438 | » | 111 | » | 410 | » |
| **COLLE DE POISSON** | 20 fr. kilos | 25 fr. | | | 20 fr. kilos | 28 fr. | | |
| I. Totales / E. Totales | 49.692 | 74.992 | 993.840 | 2.099.776 | 58.462 | 83.222 | 1.169.240 | 2.330.216 |
| I. d'Angleterre / E. en Angleterre | 16.625 | 28.724 | 332.300 | 804.272 | 1.418 | 2.405 | 28.360 | 67.340 |
| **GRAISSES DE POISSON** | | | | | | | | |
| *A. Huile de baleine* | 0 fr. 55 kilos | 0 fr. 55 | | | 0 fr. 55 kilos | 0 fr. 55 | | |
| I. Totales / E. Totales | 725.074 | 537.187 | 398.791 | 295.453 | 3.153 | 6.049 | 2.834 | 3.327 |
| I. d'Angleterre / E. en Angleterre | 395.305 | 448.270 | 217.417 | 246.348 | 2.542 | 28 | 1.398 | 16 |
| *B. Huile de morue.* | 0 fr. 65 kilos | 1 fr. 65 | | | 0 fr. 65 kilos | 1 fr. 65 | | |
| I. Totales / E. Totales | 3.469.811 | 2.724.315 | 2.255.377 | 4.503.370 | 131.969 | 62.853 | 85.779 | 103.707 |
| I. d'Angleterre / E. en Angleterre | 492.114 | 1.086.628 | 319.874 | 1.792.936 | 3.327 | 1.368 | 2.162 | 2.257 |
| *C. Autres.* | 1 fr. kilos | 0 fr. 90 | | | 1 fr. kilos | 0 fr. 90 | | |
| I. Totales / E. Totales | 1.270.288 | 3.183.308 | 1.270.288 | 2.864.977 | 98.504 | 347.387 | 98.504 | 312.648 |
| I. d'Angleterre / E. en Angleterre | 381.333 | 1.178.805 | 381.333 | 1.060.924 | » | » | » | » |
| **VESSIES NATATOIRES DE POISSONS BRUTES ET SIMPLEMENT DESSÉCHÉES** | 0 fr. 35 kilos | 0 fr. 35 | | | 0 fr. 35 kilos | 0 fr. 35 | | |
| I. Totales / E. Totales | 80.710 | 71.720 | 28.249 | 25.102 | 4.103 | 20.939 | 1.436 | 7.329 |
| I. d'Angleterre / E. en Angleterre | 24.202 | 17.388 | 8.470 | 6.085 | 2.429 | 8.903 | 745 | 3.116 |
| **ROGUES DE MORUES ET DE MAQUEREAUX** | 0 fr. 35 kilos | 0 fr. 45 | | | 0 fr. 35 kilos | 0 fr. 45 | | |
| I. Totales / E. Totales | 3.993.739 | 3.811.387 | 1.398.300 | 571.708 | 170.640 | 97.237 | 59.724 | 70.495 |
| I. d'Angleterre / E. en Angleterre | 189.148 | » | » | 28.372 | 17 | » | 6. | » |

## GRAISSES DE POISSON

### A. Huile de Baleine.

**IMPORTATIONS**

| | COMMERCE GÉNÉRAL | | COMMERCE SPÉCIAL | |
|---|---|---|---|---|
| | QUANTITÉS kilos | VALEUR francs | QUANTITÉS kilos | VALEUR francs |
| Grande-Bretagne | 434.163 | | 448.270 | |
| Norvège | 39.513 | | 39.513 | |
| Danemark | 16.953 | | 16.953 | |
| République Argentine | 16.833 | | 16.798 | |
| A. P. E. | 23.630 | | 13.653 | |
| | 551.092 | 303.101 | 537.187 | 295.453 |
| | | | | D.P. = 42.246 |

**EXPORTATIONS**

| | COMMERCE GÉNÉRAL | | COMMERCE SPÉCIAL | |
|---|---|---|---|---|
| | QUANTITÉS kilos | VALEUR francs | QUANTITÉS kilos | VALEUR francs |
| Grande-Bretagne | 28 | | 28 | |
| Allemagne | 8.300 | | » | |
| Espagne | 5.804 | | 5.803 | |
| | 14.032 | 7.718 | 5.832 | 3.208 |
| C. et P. | 217 | 119 | 217 | 119 |
| | 14.249 | 7.887 | 6.049 | 3.327 |

### B. Huile de Morue.

**IMPORTATIONS**

| | COMMERCE GÉNÉRAL | | COMMERCE SPÉCIAL | |
|---|---|---|---|---|
| | QUANTITÉS kilos | VALEUR francs | QUANTITÉS kilos | VALEUR francs |
| Grande-Bretagne | 1.120.538 | | 1.086.628 | |
| Pays-Bas | 634.169 | | 636.881 | |
| Norvège | 66.512 | | 67.615 | |
| Allemagne, Belgique et Russie | 10.394 | | 11.174 | |
| | 1.831.613 | 3.022.161 | 1.792.298 | 2.957.292 |
| Saint-Pierre et Pêche | 937.017 | 1.546.078 | 937.017 | 1.546.078 |
| | 2.768.630 | 4.568.239 | 2.724.315 | 4.503.370 |
| | | | | B.P. = 185.135 |

**EXPORTATIONS**

| | COMMERCE GÉNÉRAL | | COMMERCE SPÉCIAL | |
|---|---|---|---|---|
| | QUANTITÉS kilos | VALEUR francs | QUANTITÉS kilos | VALEUR francs |
| Grande-Bretagne | 1.974 | | 1.368 | |
| Espagne | 16.392 | | 13.734 | |
| Belgique, Suisse et Portugal | 12.645 | | 12.241 | |
| Mexique, Cuba | 9.783 | | 8.695 | |
| A. P. E. | 6.927 | | 5.584 | |
| Zones franches | 1.290 | | 1.290 | |
| | 49.011 | 79.829 | 42.912 | 70.805 |
| Algérie et Tunisie | 23.272 | | 17.372 | |
| Indo-Chine et A. C. P. | 2.569 | | 2.569 | |
| | 25.841 | 42.637 | 19.941 | 32.902 |
| | 74.852 | 122.466 | 62.853 | 103.107 |

|  | IMPORTATIONS | | | | EXPORTATIONS | | | |
|---|---|---|---|---|---|---|---|---|
|  | COMMERCE GÉNÉRAL | | COMMERCE SPÉCIAL | | COMMERCE GÉNÉRAL | | COMMERCE SPÉCIAL | |
|  | QUANTITÉS | VALEURS | QUANTITÉS | VALEURS | QUANTITÉS | VALEURS | QUANTITÉS | VALEURS |
|  | kilos | francs | kilos | francs | kilos | francs | kilos | francs |

*C. Autres.*

| Grande-Bretagne | | | 1.178.905 | | " | " | " | " |
| Norvège, Allemagne, Japon, États-Unis, Pays-Bas, Belgique, Turquie et A. P. E. | | | | | 201.630 | | 194.731 | 201.117 |
| | | | | | 94.671 | | 92.918 | |
| | | | | | 68.945 | | 46.925 | |
| Indo-Chine | | | 292.377 | | 362.246 | 389.785 | 234.074 | |
| | | | 459.642 | | 11.239 | | 40.988 | |
| Algérie et Tunisie | | | 1.733.806 | | 4.820 | | 1.820 | |
| Autres Colonies | | | 325 | | 13.120 | 11.838 | 12.813 | 11.531 |
| | | | 1.724.195 | | 378.490 | 340.360 | 347.287 | 212.648 |
| | | | 3.460.369 | 2.664.977 | | | | |

**COLLE DE POISSON**

| Grande-Bretagne | 23.428 | | 28.761 | | 30.764 | | 2.405 | |
| États-Unis | 11.186 | | 11.186 | | 35.261 | | 28.811 | |
| Russie | 6.063 | | 6.065 | | 27.357 | | 26.654 | |
| Allemagne | 6.898 | | 6.051 | | 13.526 | | 12.062 | |
| Chine et Japon | 13.141 | | 48 | | 96.938 | 2.714.190 | 73.102 | 2.070.636 |
| A. P. E. | 3.870 | | 2.886 | | 361 | | 363 | |
| Indo-Chine et A. C. P. | 69.663 | 1.960.866 | 55.009 | 1.560.002 | 8.697 | | 8.687 | |
| États-Unis | 28.431 | 796.308 | 19.601 | 529.716 | 9.970 | 259.940 | 9.970 | 250.360 |
| | 98.096 | 2.756.336 | 74.902 | 2.090.716 | 106.300 | 2.973.740 | 85.382 | 2.320.218 |

*A. Brut.*

| Grande-Bretagne | " | 66 | 229 | " | " | " | " | " |
| États-Unis | | | | | | | | |

| Grande-Bretagne et A. P. E. | 325 | 1.112 | " | " | 738 | 2.077 | 290 | 1.017 |

| États-Unis | 6.985 | | 5.880 | | | | | |
| A. P. E. | 1.185 | | 1.254 | | | | | |
| | 8.160 | 27.744 | 8.131 | 27.696 | | | | |
| | | | | D.P.=1.507 | | | | |

A. B. C. — Expositions sur divers pays étrangers

**VESSIES NATATOIRES DE POISSONS, BRUTES ET SIMPLEMENT DESSÉCHÉES**

| Grande-Bretagne | 17.388 | | 17.388 | | 11.342 | | 8.903 | |
| Belgique | 9.390 | | 9.390 | | 13.040 | | 6.240 | |
| Chine | 27.056 | | 19.886 | | 5.530 | | 5.330 | |
| A. P. E. | 10.827 | | 10.427 | | 306 | | 306 | |
| Indes anglaises | 5.464 | | 5.464 | | 30.148 | 10.582 | 20.920 | 7.329 |
| | 70.103 | 84.537 | 61.936 | 81.677 | | | | |
| Indo-Chine | 5.342 | | 6.834 | | | | | |
| A. C. P. | 5.302 | 3.788 | 4.983 | 3.423 | | | | |
| | 10.694 | | 9.761 | 25.103 | | | | |
| | 80.929 | 89.325 | 71.720 | (D.P.=1.086) | | | | |

# PÊCHE, ENGINS DIVERS

## Industries Maritimes.
## La Fabrication mécanique des Filets de Pêche.

Il y a un demi-siècle, on ne se servait, en France comme à l'étranger, que des filets de chanvre, fabriqués avec du chanvre filé à la main par les femmes de pêcheurs et les vieux matelots incapables de reprendre la mer. Les pêcheurs n'avaient même pas confiance dans le fil de chanvre filé mécaniquement, quoiqu'il fût infiniment supérieur et mieux tordu.

Les filets ainsi fabriqués étaient tout à la fois très chers et très lourds : un filet de 5o mailles de hauteur sur 100 brasses de longueur — 166 m. 66 — coûtait, en 1855, environ 75 francs, et pesait de 33 à 35 kilos, sans aucune garniture ; de la sorte, un pêcheur ne pouvait pas posséder beaucoup de filets et, tandis que les Anglais et les Hollandais, mieux armés et mieux outillés, voyaient leurs flotilles de pêche prospérer et s'accroître, les nôtres ne faisaient que péricliter.

C'est alors que l'on apprit, mais sans y attacher d'importance, que les Anglais fabriquaient mécaniquement des filets de coton.

En 1857, un armateur de Boulogne-sur-Mer, M. Lonquety aîné, sollicita du Ministre de la Marine l'autorisation d'introduire en France des filets de coton fabriqués en Angleterre et jusque-là prohibés. Il s'agissait de faire un essai et de se rendre compte si ces filets pouvaient être employés utilement pendant de longs voyages.

M. Lonquety put introduire 450 kilogrammes de filets de coton fabriqués en Angleterre.

Un rapport de M. Lonquety et un autre du commandant Lavaissière, au nom du gouvernement, proclamèrent bien haut, dès la fin de l'année 1858, l'excellence du filet de coton et sa très grande et très incontestable supériorité sur le filet de chanvre employé jusqu'alors.

Les différences énumérées dans ces rapports étaient de diverses natures :

1° Différence de prix, lequel tombe de 63 francs, prix demandé pour le filet de chanvre, à 46 francs pour celui de coton.

2° Différence de poids considérable et, en même temps, importante diminution de volume, ce qui permet d'embarquer beaucoup plus de filets, augmentant ainsi les chances des pêcheurs ;

3° Différence du produit de pêche en faveur des filets de coton, dont le rendement en poisson est évalué, au minimum, à une fois et demie celui des filets de chanvre d'égale surface employés concurremment dans ces expéditions comparatives. Cette supériorité de rendement est due à la grande souplesse du coton, à sa plus grande finesse et aussi à la bonne tenue des mailles, qui ne se tordent pas, et opposent au poisson une résistance plus productive que celle opposée par les filets de chanvre ;

4° Différence de durée, les filets de coton, après une campagne de pêche, permettant un meilleur usage que ceux en chanvre.

Ces quatre points résument clairement les principales raisons qui, plus tard, devaient faire triompher les filets de coton, surtout en ce qui concerne les longs voyages ; car l'expérience n'a pas tardé à démontrer qu'ils étaient d'une durée, d'une solidité et d'une résistance infiniment supérieures à celles du chanvre.

Cependant, il fallait tremper, suivant la mode anglaise, les filets de coton dans de l'huile de lin bouillie, et l'on ne savait pas encore bien les faire sécher, ce qui produisait parfois la fermentation et même la combustion des filets en tas. Ce n'est que plus tard que la science devait surmonter cette difficulté.

On continuait donc, après bien des tâtonnements qu'il serait trop long de suivre année par année, à se servir de filets de chanvre trop chers ou de filets de coton encore imparfaitement préparés et trempés, lorsque enfin, de 1872 à 1874, les filets de coton commencèrent à se répandre, grâce à une nouvelle préparation au cachou et coaltar trouvée en Hollande.

M. Gournay-Hedouin fut l'un des premiers, en 1872, à appliquer en France ces nouveaux procédés et en obtint de bons résultats.

Le dernier coup fut ainsi porté aux filets de chanvre.

Toutefois, il restait encore un grand progrès à réaliser dans la fabrication mécanique des filets de coton. Les métiers marchaient avec des pédales et avec l'intervention de la main, ce qui rendait la main-d'œuvre assez onéreuse : en 1875, un manufacturier français, M. A. Bonamy, inventa les métiers à rotation mécanique et ces métiers présentaient des avantages tellement importants qu'ils se substituèrent immédiatement aux métiers à pédales.

M. Bonamy qui, depuis 1865, fabriquait les filets de coton suivant les procédés en usage à l'époque, commença la nouvelle fabrication dans sa manufacture de Saint-Just-en-Chaussée (Oise). Elle y atteignit bientôt un chiffre considérable et, aujourd'hui, M. L. LIGNEAU DE SÉRÉVILLE, ingénieur des arts et manufactures, gendre et successeur de M. Bonamy, produit annuellement de 550.000 à 600.000 mètres de filets, sur des largeurs variant de 400 à 900 mailles, car la manufacture de Saint-Just-en-Chaussée fabrique surtout la petite maille pour la pêche de la sardine, de l'anchois et poissons similaires, mais néanmoins vend en France et à l'étranger les métiers pour les grandes mailles.

D'ailleurs, quelle que soit la dimension des mailles, le système est toujours le même, les organes qui composent la machine, aiguilles, crochets, etc., sont variables de dimensions, suivant la grosseur de fil à employer. L'avantage principal du nouveau procédé était de travailler avec une seule bobine, assurant la régularité absolue de la maille.

Avant 1892, époque de la revision des tarifs de douane, les Hollandais et surtout les Anglais fournissaient à nos armateurs la presque totalité des filets employés. La modification apportée dans les tarifs de douane eut pour conséquence l'établissement en France, notamment à Vignacourt, près d'Amiens, au Portel, près de Boulogne, des fabriques de filets de pêche montées exclusivement avec des métiers venant de Saint-Just-en-Chaussée. De sorte qu'aujourd'hui, la fourniture entière des filets employés sur les côtes de la Manche pour la pêche du hareng et du maquereau est faite par les fabricants français. Ces derniers font même mieux, car ils se livrent à l'exportation et concurrencent les Anglais et les Hollandais.

La fabrication mécanique offre aux pêcheurs des filets à des prix inférieurs de 50 o/o aux prix d'il y a trente ans. Pour prendre un exemple, les filets à harengs vendus autrefois par l'Angleterre valaient 28 à 30 francs : ils coûtent aujourd'hui 16 francs.

L'Angleterre, au point de vue du commerce général des filets de pêche, a conservé sa prépondérance. Les fabriques qui les produisent sont nombreuses et quelques-unes considérables.

Autrefois, l'Angleterre fournissait complètement les pays pratiquant la pêche au hareng, et principalement la France et la Hollande : elle vendait à la France seule, en 1891, environ 89.000 kilos de filets.

Depuis 1898, les importations en France ont presque complètement cessé pour ce genre de filets. Les fabriques françaises ont supplanté l'importation étrangère.

L'importation anglaise a trouvé un développement nouveau en Allemagne dont la marine depuis quelques années s'est beaucoup développée.

La Hollande continue à acheter une grande partie de ses filets en Angleterre, mais la France à son tour est arrivée à lutter dans ce pays contre l'Angleterre, et même très avantageusement quant à la qualité et au prix ; pourtant la Hollande possède elle-même 4 ou 5 fabriques alimentant partiellement le pays et qui fournissent à l'Allemagne une partie de leur production.

La France commence même à exporter en Angleterre et en Allemagne, elle lutte avantageusement contre l'importation étrangère en Italie, en Russie, en Espagne. Les colonies françaises, Indo-Chine, Algérie, s'approvisionnent principalement en France. Malheureusement, dans ces derniers temps, l'industrie de la pêche aux harengs a traversé une crise des plus sérieuses ; l'Amérique qui achetait une très grande quantité de harengs salés a réduit en 1909 ses achats d'une manière considérable, et en 1908 la campagne de pêche a été désastreuse : on n'a presque rien pris comme harengs.

Ces difficultés viennent aggraver une situation déjà mauvaise par suite des crédits consentis en général aux pêcheurs : ceux-ci ne prenant rien arrivent difficilement à effectuer leurs paiements.

Les tableaux annexés indiquent bien la situation de notre industrie.

Celle-ci, en 1900, importait 32.215 kilos de filets de pêche d'une valeur de 225.505 francs ; en 1907, cette importation est descendue à 18.180 kilos pour une valeur de 95.445 francs.

Pendant ces mêmes années, notre exportation totale passait de 77.652 kilos à 82.088 kilos.

Le tableau II indique la répartition de nos importations et de nos exportations en 1907 parmi les différents pays.

Les progrès de la France dans cette industrie ont été réalisés grâce aux métiers à rotation mécanique qui, inventés par un français, M. Bonamy, remplacèrent les métiers à pédales, et aux machines à fabriquer les filets de pêche construites par M. Zang, à Paris.

Ces deux maisons exposaient à Londres. M. A. Bonamy qui, depuis 1865, fabriquait les filets de coton suivant les procédés en usage à l'époque, commença la nouvelle fabrication dans sa manufacture de Saint-Just-en-Chaussée. Aujourd'hui M. Ligneau de Séréville, successeur de M. Bonamy, qui vend des métiers pour les grandes mailles aux fabricants de filets de France et de l'étranger, produit en outre des filets à petites mailles pour la pêche de la sardine, de l'anchois et poissons similaires.

M. Ch. Zang construit une machine inventée par son prédécesseur M. Jouanin, qui fabrique les filets de toutes dimensions en nappes sans fin, à l'aide de deux séries de fils, dont les bobines se remplacent au fur et à mesure de leur usure.

Plus de 700 de ces machines fonctionnent actuellement dans diverses fabriques de filets, en France et à l'étranger.

Les Anglais ne possèdent que des machines marchant au pied et à la main, ou des machines demi-automatiques : pour les machines complètement automatiques, ils sont tributaires de ces deux maisons françaises.

Aussi la maison Thuillier-Buridard, de Vignacourt, qui fabrique exclusivement ses filets avec les machines Bonamy, est-elle parvenue à évincer complètement les fabricants anglais du marché français.

La fabrication manuelle des filets de pêche a donc considérablement diminué.

Néanmoins, elle existe encore pour certaines formes de filets, telles que les éperviers, les verveux, les filets à crevettes, les sennes en très gros fil, etc.

Ces filets se vendent en France et en Algérie et sont fabriqués en grande partie par la maison Artozoul. Cette fabrication est une industrie de famille.

Pour les articles de pêche fluviale, le grand centre de production est Paris, mais il s'en fabrique aussi dans le Midi et notamment à Carcassonne. C'est à Paris que se font les cannes en bambou utilisées pour la pêche à la ligne.

Comparaison entre les années 1900 et 1907

| | IMPORTATIONS EN FRANCE | | | | EXPORTATIONS DE FRANCE | | | |
|---|---|---|---|---|---|---|---|---|
| | QUANTITÉS IMPORTÉES | | VALEUR DES IMPORTATIONS | | QUANTITÉS EXPORTÉES | | VALEUR DES EXPORTATIONS | |
| | 1900 | 1907 | 1900 | 1907 | 1900 | 1907 | 1900 | 1907 |
| | kilos | kilos | francs | francs | kilos | kilos | francs | francs |
| **ENGINS** | | | | | | | | |
| **Filets de pêche.** | | | | | | | | |
| | 7 fr. | 7 fr. 25 | | | 7 fr. 22 | 7 fr. | | |
| I. Totales | 32.215 | 18.180 | 225.503 | 95.445 | | | | |
| E. Totales | | | | | 77.652 | 82.088 | 560.648 | 492.328 |
| I. d'Angleterre | 19.812 | 11.776 | 138.684 | 61.824 | | | | |
| E. en Angleterre | | | | | 19.351 | 5.292 | 139.714 | 31.732 |
| **Hameçons.** | | | | | | | | |
| | 10 fr. | 10 fr. | | | 7 fr. | 7 fr. | | |
| I. Totales | 11.654 | 15.103 | 116.530 | 151.030 | | | | |
| E. Totales | | | | | 10.530 | 4.484 | 73.850 | 31.388 |
| I. d'Angleterre | 10.747 | 13.578 | 107.470 | 137.780 | | | | |
| E. en Angleterre | | | | | 1.647 | 1.827 | 11.529 | 12.569 |

**FILETS DE PÊCHE EN COTON, LIN, etc.**

K = 5 fr. 25

| | COMMERCE GÉNÉRAL | | COMMERCE SPÉCIAL | |
|---|---|---|---|---|
| | QUANTITÉS kilos | VALEUR francs | QUANTITÉS kilos | VALEUR francs |
| Grande-Bretagne | 20.493 | | 11.776 | |
| Espagne | 2.778 | | 2.778 | |
| Italie | 5.801 | | 2.273 | |
| Allemagne | 1.388 | | 1.104 | |
| A. P. E. | 153 | | 33 | |
| | 30.613 | 160.718 | 17.966 | 94.331 |
| Indo-Chine | 2.504 | | 184 | |
| Algérie | 167 | | » | |
| Saint-Pierre et Pêche | 400 | | 214 | 1.124 |
| | 3.071 | 16.123 | 18.180 | 93.445 |
| | 33.684 | 176.841 | | |

**HAMEÇONS**

K = 10 fr.

| | COMMERCE GÉNÉRAL | | COMMERCE SPÉCIAL | |
|---|---|---|---|---|
| | QUANTITÉS kilos | VALEUR francs | QUANTITÉS kilos | VALEUR francs |
| Grande-Bretagne | 27.201 | | 13.378 | 131.130 |
| Norvège | 25.708 | | 1.034 | |
| A. P. E. | 2.151 | | 491 | |
| | 55.060 | 530.600 | 15.103 | 131.130 |
| Saint-Pierre et Pêche | 7.023 | 70.230 | » | |
| | 62.083 | 620.830 | 15.103 | 131.130 |

D. P.=15104

**FILETS DE PÊCHE EN COTON, LIN, etc.**

K = 6 et 5 fr. 25

| | COMMERCE GÉNÉRAL | | COMMERCE SPÉCIAL | |
|---|---|---|---|---|
| | QUANTITÉS kilos | VALEUR francs | QUANTITÉS kilos | VALEUR francs |
| Grande-Bretagne | 5.506 | | 5.292 | |
| Pays-Bas et Belgique | 29.693 | | 29.693 | |
| Italie | 12.052 | | 9.595 | |
| Turquie | 7.780 | | 360 | |
| A. P. E. | 7.398 | | 7.385 | |
| Zones franches | 5.585 | | 5.185 | |
| | 68.214 | 401.236 | 57.510 | 345.060 |
| Algérie et Tunisie | 12.011 | | 8.463 | |
| Guyane | 10.714 | | 10.714 | |
| Saint-Pierre et Pêche | 3.093 | | 3.093 | |
| A. C. P. | 2.941 | | 2.606 | |
| | 28.759 | 169.418 | 24.378 | 147.468 |
| | 96.973 | 570.674 | 82.088 | 492.528 |

**HAMEÇONS**

K = 7 et 10 fr.

| | COMMERCE GÉNÉRAL | | COMMERCE SPÉCIAL | |
|---|---|---|---|---|
| | QUANTITÉS kilos | VALEUR francs | QUANTITÉS kilos | VALEUR francs |
| Grande-Bretagne | 2.792 | | 1.827 | |
| République Argentine | 1.069 | | » | |
| Uruguay et A. P. E. | 985 | | 846 | |
| | 4.846 | 40.441 | 2.673 | 18.711 |
| St-Pierre et Pêche | 47.017 | | 1.147 | |
| A. C. P. | 1.192 | | 664 | |
| | 48.209 | 476.857 | 1.811 | 12.677 |
| | 53.055 | 317.298 | 4.484 | 31.388 |

Nos articles parisiens se distinguent par leur élégance et par la modicité de leurs prix : ils s'adressent par cela même à une clientèle beaucoup plus étendue que les articles anglais : aussi exportons-nous une assez grande quantité de ces articles en Espagne et en Italie.

Les cannes à pêche françaises valent de 4 francs la douzaine à 40 francs la pièce et servent à pêcher tous les poissons de nos rivières depuis l'ablette et le goujon jusqu'à la carpe et au brochet.

Les articles anglais ont sur les nôtres une supériorité incontestable, mais ils s'adressent à une clientèle tout autre : les cannes à pêche en bambou refendu atteignent des prix de 250 et 300 francs la pièce : elles servent à pêcher la truite et le saumon, et ces instruments ne sont guère à la portée du grand nombre. Les hameçons, les moulinets, les poissons artificiels sont également très bien faits en Angleterre, et nos articles soutiennent difficilement la comparaison.

L'industrie des filets à la main, verveux, tramails, épuisettes, sacs à poissons, éperviers, occupe dans le Midi une assez grande quantité d'ouvrières, d'enfants, d'aveugles travaillant à domicile : c'est une ressource qui peut venir améliorer les salaires du ménage.

Il ne se fait guère d'exportation dans ces articles.

Parmi les Exposants nous citerons :

### M. LIGNEAU DE SÉRÉVILLE

Présentant une série de filets de pêche fabriqués avec les diverses matières usitées et en différentes mailles. Hors Concours. Membre du Jury.

### M. THUILLIER-BURIDARD

Avait envoyé des fils et filets de pêche écrus et préparés au cachou et coaltar, des fils de coton, câblés et tressés pour montage et raccommodage de filets, des lignes de pêche, des ficelles de couleur pour emballage. Grand Prix.

## M. GOURNAY-HÉDOUIN

Exposait également une série de filets entièrement préparés et montés pour la pêche aux harengs. Diplôme d'Honneur.

## M. ZANG

Avait envoyé un tableau représentant une machine à fabriquer les filets. Hors Concours.

## M. ROBILLARD

Fabricant d'articles de pêche fluviale, qui exposait en dehors des moulinets, des hameçons, lignes, etc., une jolie collection de lignes et de cannes à pêche. Diplôme d'Honneur.

## M. ARTOZOUL

Exposait toutes sortes de filets de pêche faits à la main, sacs à poissons, épuisettes, d'un travail très soigné et très régulier. Médaille d'Argent.

# SECTION ANGLAISE

La Section Anglaise comprenait 17 Exposants répartis dans différents pavillons.

Au point de vue industriel la fabrication des articles de pêche seule était représentée. Ces articles répondent pour ainsi dire à une pêche de luxe et atteignent des prix fort élevés. Les engins des trois fabricants anglais, cannes à pêche, moulinets, mouches artificielles, etc., peuvent servir de modèles à tous les articles similaires, mais leur vente en est nécessairement assez restreinte.

Les autres envois avaient été faits par diverses pêcheries de perles, de nacre, d'éponges ; nous avons indiqué l'importance du marché de Londres pour ces différentes matières premières et l'intérêt qu'il y aurait pour notre pays à pouvoir concurrencer ces importateurs qui n'avaient d'ailleurs donné aucune indication sur la quantité de leur production, ni sur leur manière de procéder : seules, quelques coquilles formaient l'exposition de pêcherie de l'Australie, de Fiji, etc., quelques éponges représentaient les pêcheries du Gouvernement de l'Australie Occidentale.

Ces différentes expositions ne méritent donc aucune mention au point de vue particulier.

# TABLE DES MATIÈRES

www.ingramcontent.com/pod-product-compliance
Lightning Source LLC
Chambersburg PA
CBHW071850200326

41519CB00016B/4322